型システムのしくみ

TypeScriptで実装しながら学ぶ型とプログラミング言語

遠藤侑介［著］

Type Systems Distilled with TypeScript

by
Yusuke Endoh

本書の背景と目的

近年のプログラミング言語には「型システム」を備えたものが多くあります。型システムを備えた言語は、プログラムがある種の性質を満たすこと、たとえば「実行時にある種のエラーが起きないこと」を保証します。そのことによる恩恵は、型システムを備えたプログラミング言語でプログラムを書いている人であれば実感できるでしょう。本書に興味を持った方の多くも、そうした恩恵に日々浴していると思います。

型システムにそのような強力な性質があるのは、型システムの背景に数学的に証明された強固な理論があるからです。とはいえ、型システムを活用するだけであれば、そうした理論を理解することは必須ではありません。もし理論を理解しないと使えないような機能であったなら、ほとんどの人に使われることがないままだったはずです。

しかし、もし背景にある理論を少しでも理解できれば、それによって型システムをさらに使いこなせるかもしれません。なにより、ふだん自分が使っているツールをより深く知ることは単純に楽しいものです。

本書では、TypeScriptのサブセット言語を規定し、その言語に対するごく基本的な型検査器を実装します。これを通して、型システムの背景にある理論を「体感」し、型システムを深く学ぶためのとっかかりを読者に提供することが目的です。

実装するものは、ユーザの書いたプログラムを読み取って、「OK」か「NG」かを判定するだけの最小限の型検査器です。この型検査器の実装にもTypeScriptを使います。型システム的に「OK」とか「NG」というのが何を意味するのかは本書を通して学べるはずです。

想定読者は「TypeScriptのコードを読めるプログラマー」です。説明の都合上、TypeScriptのやや難しい機能も使用しますが、ふだんはTypeScriptを使っていないプログラマーでも読めるように適宜簡単な説明を加えています。

TAPL（『型システム入門』）について

本書は「TAPL」という略称で知られるBenjamin C. Pierce “Types and Programming Languages” [Pie02]（邦訳書名『型システム入門』[Pie13]）の入り口をなぞる内容になっています。TAPLは、型システムについて体系的に書かれた入門書の金字塔です。型システムの裏側を本格的に学ぶという意味で、これに代わる本は（筆者の知る限り、まだ）ありません。コンピュータ科学の研究者を目指す大学院生であれば、ぜひTAPLを読んでください。一通り読み終えれば関連論文を読んでいくための最低限の知識が身につきます。

一方で、TAPLは一般のプログラマーが興味半分で読むには重厚すぎることも事実です。型システムというものの性質上、TAPLの内容の少なくない部分は定理とその証明であり、読み進めるにはどうしても数学的な素養が求められます。型システムの対象言語には、多くのプログラマーには馴染みが薄いであろう「ML」という関数型プログラミング言語が使われており、これも読み進めるうえでの障壁になるようです。実際、筆者はTAPLの日本語版[Pie13]の翻訳者の一人でもあるのですが、「読もうとしたが挫折した」とか「『型システム入門』の入門書がほしい」といった声をたくさん聞いてきました。

本書でTypeScriptを題材として型システムを説明しようとした背景にはこうした多くの声がありました。とはいえ、本書執筆時点で型システムについて本当に理解しようと思ったらTAPLは避けられません。本書を読んで雰囲気を掴んだら、ぜひ改めてTAPLにも挑戦してください。

本書は何ではないか

一方で、本書は次のようなものではありません。

■ TAPLの注釈書ではない

本書はあくまで型システムを「体感」することが目的であり、TAPLを読みやすく翻案したものではありません。実際、TAPLの中でもごく基本的で、かつTypeScriptで扱いやすい内容だけを拾い出したものとなっています。

■ TypeScriptの型システムを解説するものではない

TAPLは2000年に書かれた本ですが、TypeScriptの型システムはTAPL以後の型システムの研究成果（たとえば漸進的型付け）を取り込んだうえに、独自の拡張をたくさん積み重ねたものになっています。また、TypeScriptは厳密さよりも実用性を重視し、通常の型システムでは検出される実行時エラーをあえて見逃すような設計もあります（「4.6.2 後方で定義される変数の参照」で一例に触れます）。つまりTypeScriptの型システムについて理解しようと思ったら、本書を読むだけでは不十分なのは言うまでもなく、TAPLを読み終えてもなお程遠いのです。とはいえ近道もないと思うので、まずは本書やTAPLでその先へ進むための第一歩を踏み出しましょう。

■ エディタ支援機能を実装していくものではない

最近のプログラミング言語では、その型システムを利用してエディタ上で型エラーを表示したり、コードを補完したり、関数名を自動的に変更してくれたりするエディタ支援が充実しています。もしかすると、「型システム」と聞いて、こうした便利なエディタ支援機能のことを想像する人がいるかもしれません。しかし、こうしたエディタ支援は型システムそのものの特性というよりは、型システムを応用した機能の1つです。これらの機能自体が「型システム」と呼ばれる日がくる可能性は否定しませんが、本書で実装するのはあくまでもプログラムの判定をするだけの型検査器です。エディタ支援機能に興味のある読者は、「Language Server Protocol（LSP）[†1]」について調べるとよいでしょう。

本書の読み方

冒頭で述べた通り、本書ではTypeScriptのサブセット言語を規定し、その言語に対する型検査器をTypeScriptで実装していきます。サブセットとはいえ、これは事実上「TypeScriptでTypeScriptを作る」ことに相当します。実装する言語と実装に使う言語の見た目が同じなので、出てくるコードが対象言語のものなのか実装言語のものなのかを常に意識しながら読み進めるようにしてください。なお、本文中に出てくる対象言語のプログラムは原則として小さな鍵括弧で囲むようにしてあります（例：「`(x: number) => x`」）。

実装するのは言語の処理系ではなく型検査器なので、最初のうちはプログラミング言語を作っているという感覚になれないかもしれません。しかし実際に手を動かしながら本書を読み進めていけば、作っているのが紛れもなくプログラミング言語であるという実感が得られるはずです。

本書で実装する型検査器のコードは、基本的にすべて下記のGitHubリポジトリから取得できます。プログラミング言語を作るうえで欠かせない（しかし本書では解説

[†1] https://microsoft.github.io/language-server-protocol/

しない）パースのためのコードも含まれているので、まずはこのリポジトリをクローンしてから読み始めるとよいでしょう。

- https://github.com/lambdanote/support-ts-tapl/

遠藤侑介
2025年4月

目次

第1章

型システムとは

型システムはプログラムのOKとNGを判定するものです。

直観的には、そんなに難しい話ではありません。たとえば次のTypeScriptプログラムは型検査をパスしません。これはつまり、TypeScriptの型システムがこのプログラムにNGと言っているということです。

コード1.1：型システムがNGと言うプログラム

```
function add(a: number, b: number) {
  return a + b;
}
console.log(add(1, true));
```

（`true` の箇所に注記：ここでエラーになる）

このプログラムの何がいけないかと言うと、`number`型を期待する関数に`boolean`型である`true`を渡しているところです。もし型システムがこれにOKと言ってしまうと、このプログラムをむりやり実行したとき、`1 + true`というよくわからない計算をしてしまうでしょう。

一方、次のプログラムに対して型システムはOKと言います。

コード1.2：型システムがOKと言うプログラム

```
function add(a: number, b: number) {
  return a + b;
}
console.log(add(1, 2));
```

しかし、ちょっと待ってください。コード1.1はなぜNGなのでしょうか。なぜ`1 + true`という計算はやったらダメなのでしょうか。そして、コード1.2は本当にOKなのでしょうか。どんなコードがOKで、どんなコードがNGなのでしょうか。一体このOKとNGの基準は、誰がどのように決めたのでしょうか？

これは実はとても難しい問題です。TypeScriptを離れて歴史を見ると、ここにはプログラムの「未定義動作」という背景があります。

1.1 プログラムの未定義動作とは

たとえばJavaScriptの`null.foo`というプログラムを考えてみましょう。このプログラムをJavaScriptの処理系で実行したときの動作は「TypeErrorを投げる」です。その動作を保証するために、JavaScriptの処理系は原則として、`x.foo`というコードを実行するたびに「`x`が`null`かどうか」をチェックします。

こうしたチェックには、計算機性能や用途次第では無視できないほどのオーバーヘッドがかかります。そこで、CやC++といったプログラミング言語は、このような動作を「未定義」であるとし、その回避を言語処理系の責任ではなくプログラマーの責任としました。

これは、特に実行速度が求められるプログラムを書く際には便利でした。しかし多くの場合、プログラムのバグの原因にもなりました。未定義動作を回避しきれない場合、プログラムが異常終了するだけならまだしも、予測困難な振る舞いでバグの特定が困難になったり、最悪の場合はセキュリティ問題に繋がったりすることもあります。

プログラムが未定義動作に陥った場合、その結果として何が起きるかはまったく保証されません。このことをC言語コミュニティでは俗に"nasal demons"（鼻から悪魔）と言います。鼻から悪魔が飛び出すような結果になってもおかしくない、つまり何が起きても不思議はないという意味です。

現実的にはどんな結果になる可能性があるでしょうか。たとえば「`null`の参照」に対する未定義動作なら、怪しいメモリから読み出した値をむりやり解釈して実行を続けようとしたり、OSの保護機構によってプロセスが終了したり、まさに環境によってさまざまなことが起こり得ます。

1.2 歴史的解決策としての「型安全性」

プログラムが未定義動作に陥る問題に対処する方法はいろいろあります。型システムもそのうちの1つです。型システムによって、「未定義動作に陥る可能性のあるプログラムを実行前に型検査器で判定し、OKとされたプログラムは未定義動作に陥らない」ことが保証できます。

型システムについての教科書として知られるTAPL（"Types and Programming Languages" [Pie02]）（ivページ参照）では、型システムがその保証をすることの証明に多くの紙面を割いています。もう少し細かく言うと、プログラムの意味を（操作的意味論という形式的な方法で）定義し、型検査器がOKと言ったプログラムは定義されていない状態（行き詰まり状態）に陥らないという性質が証明されています。このような性質を「型安全性」と言います。

NOTE

ここまで読んで、「型システム」と「型検査器」という用語の関係がはっきりしなくて戸惑っている方がいるかもしれません。両者の相違については巻末の「おわりに」（155ページ）で少しだけ補足しているので、気になる方は参考にしてください。

1.3 本書における型システムと型安全性

前節では、型システムは歴史的には型安全性を保証することを主な目的として作られたと説明しました。型システムの研究の主戦場であるML系の言語（OCamlやHaskellなど）では、実際に型安全性を意識して型システムが設計されています。

一方、本書の題材であるTypeScriptの型システムには、型安全性が厳密に保証されていないようなケースもあります[†1]。つまりTypeScriptの型システムでは、型安全性がそこまで重要視されてはいないようです。

これは、「JavaScriptという既存言語にあと付けで型システムを導入する」というTypeScriptの特殊な出自によると考えられます。JavaScriptでは、細かく実行時型検査をすることで、すべてのプログラムの動作が定義されています。`null.foo`のような演算に対しても、「未定義動作」ではなく、「例外を投げる」という動作がきちんと定義されています。`1 + true`のような演算も、`2`を返すことが定義されています。したがって、型注釈を消せばJavaScriptとして評価されるTypeScriptのプログラム[†2]には、最初から「未定義動作」はあり得ないのです[†3]。

さらにTypeScriptでは、「マイナーなエラーの検出のために、従来のJavaScriptのプログラミングスタイルを大きく変えなければならない制約を導入する」ことも避けているようです。言い換えると、TypeScriptは「望ましくなさそうな動作を無理のない範囲で検出する」という方針で作られています。

---

†1 TypeScriptがふつうの意味で型安全とは言えないような例を「4.6.2 後方で定義される変数の参照」で紹介します。

†2 厳密に言えば、`enum`など、単純に型注釈を消すだけではJavaScriptにならない構文もあります。

†3 それでもTypeScriptでは`1 + true`が禁止されています。これはおそらく「禁止したほうが総合的に便利そうだったから」だと筆者は想像しています。この観点については11ページのコラムで改めて取り上げます。

1.4 実装する型検査器のプログラムについて

次章からは、TypeScriptと同様に「望ましくなさそうな動作を無理のない範囲で検出する」という方針で、TypeScriptのサブセットであるような言語に対する型検査器を作っていきます。そのような型検査器の実装を通して型システムの雰囲気を知ってもらうことが目標です。

型検査器が検査対象とする言語を「対象言語」と呼びます。次章以降では、はじめは簡単な対象言語の型検査器を実装し、章を追うごとに徐々に難しい機能を追加していきます。それぞれの章で実装する型検査器は、便宜的に実装コードを保存したファイル名で区別することにします。各章で扱う対象言語の機能と、その型検査器のファイル名を下記にまとめます（型検査器のファイル名で対象言語そのものを指すこともあります）。

- 第2章（`arith.ts`）
  - 真偽値と数値、条件演算子と足し算だけからなる言語
- 第3章〜第4章（`basic.ts`）
  - `arith.ts`に関数や変数定義を加えた言語
- 第5章（`obj.ts`）
  - `basic.ts`にオブジェクト型を加えた言語
- 第6章（`recfunc.ts`）
  - `basic.ts`に再帰関数を加えた言語
- 第7章（`sub.ts`）
  - `obj.ts`に部分型付けを導入した言語
- 第8章（`rec.ts`）
  - `obj.ts`（＋再帰関数）に再帰型を導入した言語
- 第9章（`poly.ts`）
  - `basic.ts`にジェネリクスを導入した言語

正確には、第7章で扱う言語はベースの`obj.ts`に多少の改変を加えています。詳しくは同章で説明します。

1.4.1 Denoによるプログラムの動かし方（推奨）

各章で実装する型検査器を実際にコンピュータで動かすにはTypeScriptの実行環境が必要です。一般的によく使われるのはNode.jsですが、DenoにはTypeScriptのプログラムを直接動かせるという特徴があります。プロジェクト設定が不要で手軽な

ので、本書では基本的にDenoを前提として説明します。

Denoのインストール方法は下記URLの公式ドキュメントを参照してください。

- https://docs.deno.com/runtime/manual/getting_started/installation/

denoコマンドが利用可能になったら準備完了です。

テストしてみましょう。次のプログラムをtest.tsとして保存してください。

コード1.3：test.ts（Denoの場合）

```
import { parseArith } from "npm:tiny-ts-parser";

console.log(parseArith("100"));
```

冒頭で読み込んでいるnpm:tiny-ts-parserは、筆者があらかじめ本書のために作成しておいたnpmライブラリです。各章の型検査器で使うコード（パーサなど）がまとめられています。

deno run -A test.tsと実行すれば動くはずです（実行結果が何を表しているかは次章以降で判明します）。

```
$ deno run -A test.ts ↵
{
  tag: "number",
  n: 100,
  loc: { start: { line: 1, column: 0 }, end: { line: 1, column: 3 } }
}
```

1.4.2 Node.jsによるプログラムの動かし方

Node.jsを使いたい場合は、Node.js 23.6.0以降をインストールしてください。

- https://nodejs.org/ja/download

利用するnpmライブラリtiny-ts-parserをインストールするために、空のディレクトリを作り、その中にコード1.4の内容でpackage.jsonを作成してください。そしてnpm installを実行してライブラリをインストールしましょう。

コード1.4：package.json

```
{
  "type": "module",
  "dependencies": {
    "tiny-ts-parser": "^0.1.0"
  }
}
```

テストしてみましょう。次のプログラムをtest.tsとして保存してください。

コード1.5：test.ts（Node.jsの場合）

```
import { parseArith } from "tiny-ts-parser";

console.log(parseArith("100"));
```

import文がDenoを使う場合とは微妙に違っていることに注意してください。Denoでは"npm:tiny-ts-parser"でしたが、Node.jsでは"tiny-ts-parser"とする必要があります。次章以降のコード例ではDenoのスタイルで記載しているので、Node.jsを使う場合には適宜読み替えてください。

node test.tsと実行すれば動くはずです。

```
$ node test.ts ↵
(node:279636) ExperimentalWarning: Type Stripping is an experimental feature and
might change at any time
(Use `node --trace-warnings ...` to show where the warning was created)
{
  tag: 'number',
  n: 100,
  loc: { end: { column: 3, line: 1 }, start: { column: 0, line: 1 } }
}
```

執筆時点の最新版Node.js（23.6.1）は、TypeScriptのコードを動かすと上記の実行例のように警告が出ます。この警告は--disable-warning=ExperimentalWarningというオプションを指定することで消せます。

23.6.0より古いNode.jsを使う場合は、tscコマンドを適宜用意して、test.tsファイルからtest.jsファイルに変換し、nodeコマンドで実行する必要があるでしょう。

```
$ npx tsc -m nodenext test.ts ↵
$ node test.js ↵
{
  tag: 'number',
  n: 100,
  loc: { end: { column: 3, line: 1 }, start: { column: 0, line: 1 } }
}
```

1.4.3 発展的な方法：tiny-ts-parser.tsを直接使う

本書の範囲を越えて実験したい人は、実装で使うnpmライブラリtiny-ts-parserを改造したくなると思います。そういう人のために、tiny-ts-parser.tsを直接ダウンロードして使う方法も説明します。

まず、下記のURLからtiny-ts-parser.tsを入手してください。

- https://github.com/lambdanote/support-ts-tapl/

さらに、同じディレクトリにコード1.6のJSONファイルをdeno.jsonという名前で保存してください。

コード1.6： deno.json

```
{
  "imports": {
    "@typescript-eslint/typescript-estree":
      "npm:@typescript-eslint/typescript-estree"
  }
}
```

テストしてみましょう。次のプログラムをtest.tsとして保存してください。

コード1.7： test.ts（tiny-ts-parser.tsを直接使う場合）

```
import { parseArith } from "./tiny-ts-parser.ts";

console.log(parseArith("100"));
```

deno run -A test.tsと実行すれば動きます。

```
$ deno run -A test.ts ↵
{
  tag: "number",
  n: 100,
  loc: { start: { line: 1, column: 0 }, end: { line: 1, column: 3 } }
}
```

第2章

真偽値の型と数値の型

本章では、手はじめに「真偽値と数値のみを持つプログラミング言語」の型検査器を考えて実装してみましょう。

型検査の対象とする言語は、TypeScriptの非常に小さなサブセットとします。そのような対象言語の構文を定義し、その構文で書けるプログラムについてOKかNGかを判定する条件を考えて、その判定を機械的に行うプログラム（つまり型検査器）を実装するという流れで説明を進めていきます。

型検査器の実装にもTypeScriptを使います。対象言語で書かれたプログラムを解析して、それを型検査のような処理に適したデータ構造[†1]へと変換する部分までは、あらかじめ筆者が用意したライブラリを使います。みなさんが実装しなければならないのは、考えた条件にしたがってプログラムを判定する部分です。

2.1 対象言語と型検査器の仕様

まずは「TypeScriptの非常に小さなサブセット」（対象言語）の仕様を考えます。そのうえで、その対象言語に対する判定基準を仕様として明確にします。

2.1.1 対象言語

これから作るプログラミング言語の型システムで扱う構文は、ひとまず次の5つを組み合わせたものだけとします。

- `true`リテラル
- `false`リテラル

[†1] いわゆる「AST」（抽象構文木）です。抽象構文木については2.2節で詳しく説明します。

- 条件演算子（例：「false ? 1 : 2」、「true ? false : true」）
- 数値リテラル（例：「1」、「2」、「100」）
- 足し算（例：「1 + 2」）

プログラミング言語と呼ぶのが躊躇されるくらいシンプルですね。まともなプログラミング言語ならば、論理否定や引き算、掛け算などの演算も必要でしょうし、文字列やオブジェクトなどの値とそれらの演算なども必要でしょう。ですが、これらを追加するのは比較的単純な作業です。本書では、プログラミング言語を考えるうえでの必要最小限の要素に絞って議論を進めます。

なお、この言語はシンプルではありますが、「1 + (2 + true)」や「false ? (1 + 2) : (3 + 4)」のように構文を組み合わせたプログラムも書けることには注意してください。これから作る型検査器は、これらの構文だけを使ったプログラムを受け取って、適切にOKまたはNGを判定していくプログラムです。

2.1.2　判定基準

これから作る型検査器で、上記の構文で書けるどんなプログラムをOKとし、どんなプログラムをNGとするかを決めます。これには論理的で絶対的な正解はなく、言語デザインの範疇になります。つまり、ユースケースの分析やさまざまな経験にもとづいて、これから作る言語が「便利」になるように型システムを決めるということです。

もしTAPL [Pie02]のように「プログラムの型安全性を厳密に保証したい」としたら、保証したい性質が証明できるように判定基準の設計を行う必要があります。しかし本書ではそのような厳密さを目指さないので、難しく考えないことにして、とりあえず次のような判定基準を採用することにします。

- number型同士以外の足し算をしないこと
  - 「1 + 2」はOK
  - 「1 + true」や「false + true」はNG

- 条件演算子の条件式がboolean型であること
  - 「true ? …」はOK
  - 「1 ? …」はNG

- 条件演算子の返す型が一致すること
  - 「… ? true : false」や「… ? 1 : 2」はOK
  - 「… ? true : 1」や「… ? 2 : false」はNG

NOTE

上記の判定基準の2つめと3つめはTypeScriptの型システムのそれとは異なります（1つめは同じ）。

- TypeScriptでは、条件式に任意の型が許される。したがって「1 ? …」もOK
- TypeScriptでは、条件式の返す型が一致しないときは、それらの型のunion型を返す。したがって「… ? true : 1」はboolean | number型を返す

TypeScriptとあえて異なる基準にしたのには理由が2つあります。1つは「TAPLの流儀に合わせる」という教科書的な理由、もう1つは「本書の対象言語にはunion型がないので、boolean | number型を表現できない」という実践上の理由です[†2]。

TypeScriptで「1 + true」はなぜNGなのか？

第1章でも触れたように、JavaScriptのプログラムには未定義動作はありません。JavaScriptでは、「1 + true」が2になることが保証されています。つまり、ことTypeScriptに限ると、型安全性（プログラムが未定義動作に陥らないこと）を理由に「1 + true」をNGとする必要はないのです。

では、なぜTypeScriptの型検査器では「1 + true」が禁止されているのでしょうか。おそらく、「そのほうが総合的に便利そうだったから」です。「1 + true」という計算が意図的な場合はあまりなく、その計算が出てくる状況の多くはバグだったという直観や経験があったのでしょう。本当に「1 + true」を計算したいなら「1 + (true ? 1 : 0)」などと書き換えるだけでよいので、その対応にかかるコストよりもバグの可能性を指摘するメリットのほうが上回るという判断があったのかもしれません。

一方、TypeScriptでは条件式に任意の型が許されています。他の言語では条件式はboolean型に限定することが多いので、TypeScriptがその方針を選ばなかった理由が何かあるはずです。おそらく、nがゼロかどうかで分岐する「n ? "non-zero" : "zero"」のようなJavaScriptのコードはすでに多数あり、この条件式を「n != 0」に書き換えるコストが、それによって得られるメリットに見合わないと判断されたのではないでしょうか。

このように、最初から型安全性が保証されているTypeScriptのような言語においては、型システムの判断基準は「プログラムの意味が定義されているかどうか」によって

[†2] 「TypeScriptのサブセットと言ったのに話が違う」と思われるかもしれませんが、TypeScriptが「条件式に任意の型を許す」のに対し、我々の言語では「boolean型しか許さない」と、より厳しい基準にしています（返り値についても同じ）。よってこれはサブセットと言えると考えています。

決めるものではなく[†3]、禁止するコストとメリットのトレードオフを見て決めるものになります。その決定には、想定ユーザの傾向、ユースケース、既存のプログラムの数や傾向など、さまざまな要因がかかわってきます。プログラミング言語理論などだけで論理的に判断できるものではないので、最後は言語設計者のセンスやマーケティングがものをいう領域です。

2.2 構文木

型検査器は、いわば「プログラムを解析するプログラム」です。プログラム自体は構文を組み合わせた文字列として書かれるのですが、その形のままでは解析が大変です。そのため、通常は構文と空白文字や括弧などによって決まる情報を木構造のデータに変換し、それを解析します。そのような木構造のデータを一般に「抽象構文木（AST、Abstract Syntax Tree）」や、単に「構文木」と呼びます。

NOTE

「抽象」とは、事物から不要な要素を捨て、必要な要素だけ抜き出して把握することです。プログラムの抽象構文木は、プログラムの解析に際して重要でない情報（空白文字やコメントなど）を捨て、必要な要素だけを抜き出して把握しやすくした構文木という意味です。

2.2.1 本書で扱う構文木

まず、対象言語の構文木を決めます。構文木の決め方はいろいろあるのですが、本書の主題ではないので、ここでは筆者が決めた構文木を示します。

- `true`と`false`と数値は、子どもを持たない葉ノードとして表現することにします。
- 足し算は、左側の式と右側の式を子どもの構文木として持つ`add`ノードとして表現することにします。
- 条件演算子は、条件式とthen節とelse節の3つを持つ`if`ノードとして表現します。

「`1 + true`」というプログラムの構文木を図2.1に示します。`add`という親のノード

†3 TypeScriptの開発者の一人であるRyan CavanaughはStack Overflowにおいて、「ECMAScript仕様はプログラムの挙動を規定する文書であり、プログラマーが書くべき『正しいコード』のガイドラインではない」という旨を述べています。`https://stackoverflow.com/questions/41750390/what-does-all-legal-javascript-is-legal-typescript-mean`

があり、それが`left`と`right`という2つの「子どもの木」を持ちます。ここではそれぞれ`number 1`と`true`という2つの葉ノードになっています。

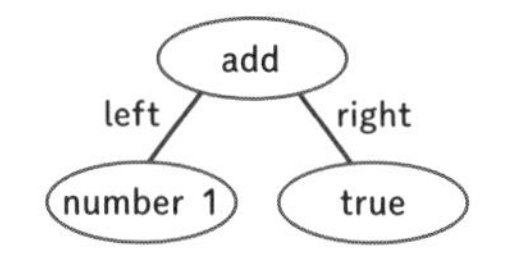

▶図2.1 「`1 + true`」の構文木

「`(1 + 2) + (3 + 4)`」は、図2.2のような構文木になります。構文木上からは括弧が消えていますが、計算式の対応はちゃんと表現されているところがポイントです。

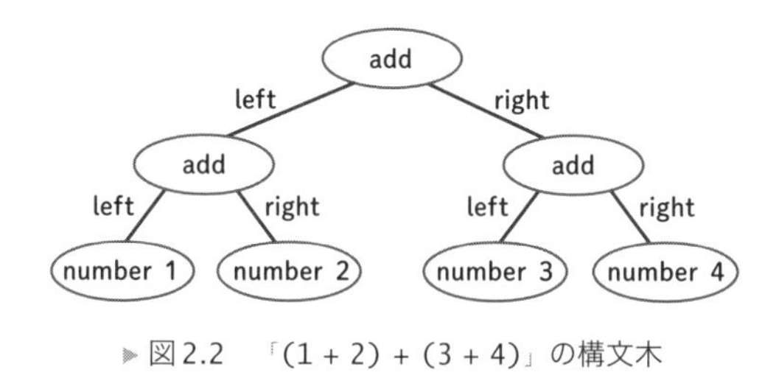

▶図2.2 「`(1 + 2) + (3 + 4)`」の構文木

条件演算子の例として、「`true ? 1 : 2`」の構文木を図2.3に示します。図中の木の枝の名前（`cond`、`thn`、`els`）についてはあとで説明します。

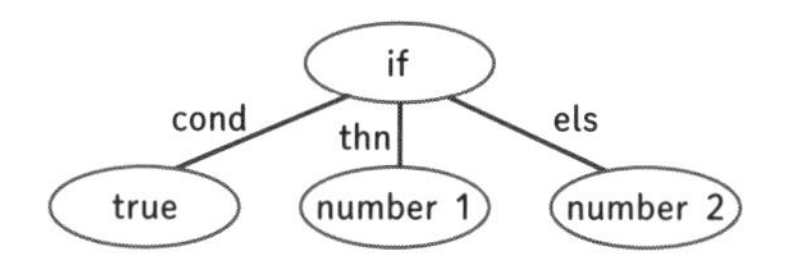

▶図2.3 「`true ? 1 : 2`」の構文木

イメージは掴めたでしょうか。

NOTE

構文木は、言語処理系や型検査器の実装をする人が作りやすいように自由に決めてよいものです。よって、ここに示した構文木が唯一絶対のものではありません。とはいえ、今回のように単純な対象言語については、おおよそここで示したように設計するのが一般的です。

2.2.2 構文木をTypeScriptの型として定義する

上記で決めた構文木をデータ構造として表現します。データ構造というと身構えてしまうかもしれませんが、JSONデータみたいなものと思ってください。たとえば「1 + 2」の構文木であれば、次のようなデータ構造として表現します。

コード2.1：「1 + 2」の構文木

```
{
  tag: "add",
  left: { tag: "number", n: 1 },
  right: { tag: "number", n: 2 },
}
```

このようなデータ構造をきちんと定義しましょう。実装に使うのはTypeScriptなので、TypeScriptの型として定義します。個々の構文をオブジェクト型[†4]で表し、そのunionを取ればいいでしょう。

コード2.2：対象言語の項を表す型

```
type Term =
  | { tag: "true" }
  | { tag: "false" }
  | { tag: "if"; cond: Term; thn: Term; els: Term }
  | { tag: "number"; n: number }
  | { tag: "add"; left: Term; right: Term };
```

上記では構文木の型をunion型として定義し、これに`Term`という名前を付けています。そしてunion型を構成する個々のオブジェクト型を`tag`という名前のプロパティで識別できるようにしています。各オブジェクト型のプロパティの気持ちを下記に整理します。前節で決めた木構造の図と対応させながら読んでください。

- `true`リテラルと`false`リテラルは、それぞれを表す文字列リテラルを`tag`の値として持つだけ
- 条件演算子は、`tag`の値を`"if"`とする。それ以外に以下の3つのプロパティの値として「子どもの木」を持つ
  - 条件式を値として持つ`cond`
  - 条件式が真だったときに評価する式を値として持つ`thn`（thenの略）
  - 偽だったときの式を値として持つ`els`（elseの略[†5]）

[†4] TypeScriptに馴染みがなくて、HaskellやOCamlを使ったことがある方は、とりあえずレコード型のようなものと思ってください。

[†5] 奇妙な略し方をしているのは、`else`はTypeScriptの予約語なので、ローカル変数名として使えなくて不便だからです。

- 数値リテラルは、`tag`の値を`"number"`とする。それ以外に、プロパティ`n`の値として数値（TypeScriptの数値型の値）を持つ
- 足し算は、`tag`の値を`"add"`とする。それ以外に、`left`と`right`というプロパティの値として、2つの子どもの木を持つ

このように定義したunion型を、オブジェクト型のプロパティの値によって`switch`文により分解するというのが、TypeScriptのプログラムのよくあるパターンです[†6]。このパターンで分解に使うプロパティ名としては`tag`よりも`kind`や`type`がよく使われているようですが、型システムの文脈では「kind」や「type」に特別な意味があるので、本書では一貫して`tag`を使います。

構文木に対する型の名前を`Term`としたのは、プログラムの構文を表す日本語として「項」があり、それに対応する英単語が「term」だからです。なお、ここで定義するプログラムの構文に限っては、リテラル以外に条件式と足し算しかないので、「項」でなく「式」と呼んでも問題はありません。

それでも「項」という名前を付けたのには2つの理由があります。1つは、以後の節で「文」を構文として追加する予定があるからです（`const`文など）。本書では、「式」と「文」をまとめて「項」と呼ぶことにします。式と文を区別して扱ってもよいのですが、型検査器の実装においてはあまり本質的でない面倒さが生じるので、まとめて扱うことにしました。もう1つは、「項」以外のものも「式」と呼ばれることがあるためです。たとえば、型の記述も「型式（かたしき）」と呼ばれることがあります（TAPLの3.1節など）。`number`だと「式」という感じがしないかもしれませんが、たとえば`number | boolean`のような（TypeScriptの）union型の記述や、`Array<number>`のような（TypeScriptの）ジェネリクスの記述を考えると、式っぽさがわかるのではないでしょうか。型の記述ではなく、ふつうの演算を行うプログラムの構文を指すことをはっきりさせるためにも、本書では「項」を使います。

2.2.3 プログラムの文字列を構文木に変換する

「項」が定義できたので、プログラムの文字列をこの定義に従った構文木へと変換する機能から作っていきましょう。プログラムの文字列を構文木に変換する処理は「構文解析」や「パース」と呼び、そのための仕組みを「構文解析器」や「パーサ」と呼びます。

---

†6 このように、条件判定などを通じてunion型を狭めていくことはnarrowingと呼ばれます。
`https://www.typescriptlang.org/docs/handbook/2/narrowing.html`

パーサの実装は、プログラミング言語を作るうえでは避けて通れない部分です。しかし、パーサに関してはそれだけで教科書が何冊も書かれている分野であり、本書でその説明を始めるといつまでたっても型システムの話に入れなくなります。

そこでパーサについては、筆者があらかじめ準備した`tiny-ts-parser`というライブラリを使うことにします（TypeScriptの実行環境と`tiny-ts-parser`のセットアップについては1.4節を参照）。

次のように書いた`example.ts`を実行してみてください。

コード2.3： パーサの使い方（example.ts）

```
1 import { parse } from "npm:tiny-ts-parser";
2 
3 console.log(parse("1 + 2"))
```

次のような出力が得られれば準備完了です。

```
$ deno run -A example.ts ↵
{
  tag: "add",
  left: {
    tag: "number",
    n: 1,
    loc: { start: { line: 1, column: 0 }, end: { line: 1, column: 1 } }
  },
  right: {
    tag: "number",
    n: 2,
    loc: { start: { line: 1, column: 4 }, end: { line: 1, column: 5 } }
  },
  loc: { start: { line: 1, column: 0 }, end: { line: 1, column: 5 } }
}
```

結果として表示されているのは、「`1 + 2`」というプログラムをパースした結果の`Term`型の値です。

NOTE

実行結果に表示されている`loc`というプロパティは、`Term`型の定義にはありませんが、これから作る型検査器のエラー表示で使うつもりの位置情報です（4.5節を参照）。以降、本書で対象言語のプログラムのパース結果を掲示するときは、この`loc`は省略します。

2.3 型の定義

対象言語の項を表現する型Termを定義し、そのためのパーサが手に入ったところで、「対象言語の型」を表現する型、を定義しましょう。具体的には、型検査器における型の「内部表現」を実装します。対象言語が取る値は、trueおよびfalse、それに数値しかないので、対象言語の型は次のような型Typeとして定義することにします。

コード 2.4： 対象言語の型を表す型

```
type Type =
  | { tag: "Boolean" }
  | { tag: "Number" };
```

ここで注意してほしいのは、Typeを定義するにあたり、TypeScriptのboolean型とnumber型をそのまま使っていないことです。対象言語はTypeScriptのサブセットなので、そのプログラムで使う値の型もboolean型やnumber型ですから、type Type = boolean | numberとしてもよさそうに思えるかもしれません。しかし、そうするとType型の要素はtrueや123といった値になってしまいます。我々が欲しいのは、型検査器において「対象言語の型」を表現するための型です。つまり、booleanであるか、numberであるかの2つの可能性だけを持つ型を定義したいのです。それをここでは{ tag: "Boolean" }や{ tag: "Number" }というTypeScriptのオブジェクト型を使って定義しています[†7]。

なお、Term型のtagの値は"add"のように小文字始まりでしたが、Type型のtagの値は"Boolean"のように大文字始まりとしました。これは、小文字始まりの"boolean"としてしまうと、実装言語であるTypeScriptの基本型booleanと見た目が紛らわしいと考えたからです。また、「型はT、項はtで表現される」というTAPLにおける表記上の慣習に合わせることも意識しています。

2.4 型検査器の実装

いよいよ型検査器の実装に入りましょう。具体的には、項を受け取ってその項の型を返す関数typecheckを定義します。

全体はtagで分岐するswitch文にして、項をその構文ごとに処理していきます。まずは簡単に書けそうなtrueリテラルおよびfalseリテラルと数値リテラルから片

[†7] 本章の段階では、実はオブジェクト型を使う必要もなく、文字列を直接使ったtype Type = "Boolean" | "Number";という定義でも実装可能です。ただ、次章で型システムを拡張する際に「子どもを持つ型」が登場するので、あらかじめオブジェクト型で表現することにします。

づけましょう。それぞれ単純に`{ tag: "Boolean" }`および`{ tag: "Number" }`を返すだけです。

コード2.5：型検査器の実装（リテラル）

```
function typecheck(t: Term): Type {
  switch (t.tag) {
    case "true":
      return { tag: "Boolean" };
    case "false":
      return { tag: "Boolean" };
    case "if": {
      …（これから実装）…
    }
    case "number":
      return { tag: "Number" };
    case "add": {
      …（これから実装）…
    }
  }
}
```

残るは、`tag`プロパティの値として`"if"`および`"add"`を持つ項に対する処理です。先に`"add"`から考えましょう。`"add"`が表すのは足し算でしたが、足し算については「`number`型同士以外の足し算をしないこと」という判定基準を決めていたことを思い出してください（10ページ参照）。

与えられた項に対して、この判定基準をどう確かめればよいでしょうか。`tag`プロパティの値が`"add"`のオブジェクト型は、`left`および`right`という2つのプロパティを持っていました。これら2つのプロパティの値は`Term`、つまり項なので、それらの項について型検査をするという処理にすればよさそうです。どうするかというと、`left`と`right`のそれぞれの値に`typecheck`関数を適用し、その返り値が`{ tag: "Number" }`であることを確認すればよいのです。

コード2.6：型検査器の実装（足し算）

```
function typecheck(t: Term): Type {
  switch (t.tag) {
    …（省略）…
    case "add": {
      const leftTy = typecheck(t.left);
      if (leftTy.tag !== "Number") throw "number expected";
      const rightTy = typecheck(t.right);
      if (rightTy.tag !== "Number") throw "number expected";
      return { tag: "Number" };
    }
  }
}
```

ここではじめて、「型検査がNGの場合にどうするか」を考える必要が生じました。上記では、leftやrightの型検査の結果が{ tag: "Number" }でなかったら"number expected"という例外を投げるようにしています。「typecheck関数が例外を投げたら、型検査はNG」という方針にしたということです。

逆に言えば、「typecheck関数が例外でなく正常にリターンしたら、型検査はOK」ということです。"add"の処理では、leftもrightも両方{ tag: "Number" }であることが確認できれば型検査はOKです。このとき返す型は、足し算の結果の型である{ tag: "Number" }なので、return { tag: "Number" }としています。

以上でtagプロパティが"add"の項に対する処理が書けました。最後は"if"の項です。これに関しては、判断基準として、「条件演算子の条件式がboolean型であること」および「条件演算子の返す型が一致すること」を確認する必要があります。前者については"add"とほとんど同じ要領で書けます。

コード2.7: 型検査器の実装（条件分岐）

```
1  function typecheck(t: Term): Type {
2    switch (t.tag) {
3      …（省略）…
4      case "if": {
5        const condTy = typecheck(t.cond);
6        if (condTy.tag !== "Boolean") throw "boolean expected";
7        …（これから実装）…
8      }
9    }
10 }
```

「条件演算子の返す型が一致すること」については、thnとelsの型が同じであることを確かめればよいでしょう。条件演算子全体としては、thnやelsがその値を返すので、それらと同じ型を返すことにします。

コード2.8: 型検査器の実装（条件分岐続き）

```
1  function typecheck(t: Term): Type {
2    switch (t.tag) {
3      …（省略）…
4      case "if": {
5        const condTy = typecheck(t.cond);
6        if (condTy.tag !== "Boolean") throw "boolean expected";
7        const thnTy = typecheck(t.thn);
8        const elsTy = typecheck(t.els);
9        if (thnTy.tag !== elsTy.tag) {
10         throw "then and else have different types";
11       }
12       return thnTy;
13     }
14     …（省略）…
15   }
16 }
```

2.5 型検査器を動かしてみる

以上でtypecheck関数が定義できました。実際に項を渡して動かしてみるためのプログラム全体をコード2.9に掲載します。

NOTE

パーサライブラリのtiny-ts-parserには、以降の章で型システムを拡張していくときに使うためのパーサも含まれています。本章で定義した項に対するパーサはparseArith関数なので、コード2.9ではこれをimportしています。

コード2.9：ここまでの全体像（arith.ts）

```
import { parseArith } from "npm:tiny-ts-parser";

type Type =
  | { tag: "Boolean" }
  | { tag: "Number" };

type Term =
  | { tag: "true" }
  | { tag: "false" }
  | { tag: "if"; cond: Term; thn: Term; els: Term }
  | { tag: "number"; n: number }
  | { tag: "add"; left: Term; right: Term };

function typecheck(t: Term): Type {
  switch (t.tag) {
    case "true":
      return { tag: "Boolean" };
    case "false":
      return { tag: "Boolean" };
    case "if": {
      const condTy = typecheck(t.cond);
      if (condTy.tag !== "Boolean") throw "boolean expected";
      const thnTy = typecheck(t.thn);
      const elsTy = typecheck(t.els);
      if (thnTy.tag !== elsTy.tag) {
        throw "then and else have different types";
      }
      return thnTy;
    }
    case "number":
      return { tag: "Number" };
    case "add": {
      const leftTy = typecheck(t.left);
      if (leftTy.tag !== "Number") throw "number expected";
      const rightTy = typecheck(t.right);
      if (rightTy.tag !== "Number") throw "number expected";
      return { tag: "Number" };
    }
  }
}

console.log(typecheck(parseArith("1 + 2")));
```

ほんの40行弱ですが、これで立派な型検査器です。typecheck(parseArith("1 + 2"))という最後の行で、「1 + 2」というプログラムを型検査しています。

コード2.9をarith.tsという名前で保存して実際にDenoで動かしてみましょう。

```
$ deno run -A arith.ts ↵
{ tag: "Number" }
```

typecheck関数が例外を投げなかったので、型検査器は「1 + 2」というプログラムをOKとしたということです。

型検査器がNGになる例も試してみましょう。「1 + 2」を「1 + true」に書き換えて、再度実行してみてください。

```
$ deno run -A arith.ts ↵
error: Uncaught (in promise) "number expected"
```

number expectedという例外が発生しました。つまり型検査器は「1 + true」を拒絶したということです。

「1 + (2 + 3)」、「1 ? 2 : 3」、「true ? 1 : true」など、ほかにもいろいろなプログラムの型検査をしてみて、期待する挙動と一致するかを試してみてください。

2.6 まとめ

本章では、boolean型とnumber型、条件演算子と足し算のみからなる極小のプログラミング言語に対する型検査器を作りました。最終的にできた型検査器はほんの40行ですが、あらかじめ決めた判定基準に従ってさまざまなプログラムの型を実際に検査できました。

本章で扱った言語はあまりに小さくてつまらなかったかもしれません。次章では、本章の言語を拡張して関数を導入します。一気にプログラミング言語らしくなるでしょう。

とはいえ、コアとなるtypecheck関数は基本的に同じような構成になります。すなわち、項を受け取り、OKな項に対してはその型を返し、NGな項に対しては例外を投げます。項が子を持つ場合には、再帰呼び出しを使って子の項の型を推定します。

NOTE

本章の内容はTAPLでは第3章「型無し算術式」と第8章「型付き算術式」に対応します。boolean型と条件式については、TAPLと本章はほとんど同じです。数値については、

TAPLではペアノ算術をベースにしているので若干毛色が異なります。本章のtypecheck関数は、TAPLの図8.1「ブール値のための型付け規則」などをプログラムの形にしたものです。

演習問題

TypeScriptと同じように、条件演算子の条件式が任意の型の値でもOKとするようにarith.tsを改変してみてください。

基本的にはcondの型を確認するのをやめればよいのですが、typecheck(t.cond)を丸ごと削除すると問題があります。どのような問題が起きるでしょうか。

（解答は159ページ）

第3章

関数型

第2章では、最低限の構文として足し算と条件分岐だけを持つ言語を考え、その型検査器arith.tsを作りました。本章では、対象言語とその型検査器を拡張して「関数」を導入します。目指すのは、「「const f = (x: number) => x」という関数を「f(1)」で呼ぶプログラムはOK、「f(true)」で呼ぶプログラムはNG」という型検査器です。

3.1 型検査器の仕様

第2章で考えた仕様を拡張する形で、対象言語と判定基準の仕様を考えます。

3.1.1 対象言語

対象言語の構文としては、2.1節で与えたものに次の5つの構文を追加します。

- 変数参照（例：「x」、「f」）
- 無名関数（例：「(x: number) => x」）
- 関数呼び出し（例：「f(1)」、「f(true)」）
- 逐次実行（例：「f(1); f(2);」）
- 変数定義（例：「const x = 1」）

この言語（およびその型検査器）は、前章のarith.tsと区別するため、basic.tsという名前にします。

basic.tsの対象言語では、かなり「プログラミング言語っぽい」プログラムが書けるようになります。たとえば以下のプログラムでは、足し算をする関数addと、第1引数に応じて条件分岐をする関数selectを定義し、それらを組み合わせた処理をいくつか書いてみたものです。

コード3.1：basic.tsで書けるプログラムの例

```
const add = (x: number, y: number) => x + y;
const select = (b: boolean, x: number, y: number) => b ? x : y;

const x = add(1, add(2, 3));
select(true, x, x);
```

これが型検査できるというと、ちょっと本格的になってきた気がしませんか。変数名xがいくつかの場所で使われていることに注目してください。同じ名前の変数参照でも、使われる場所によって別の変数を表しています。これらを区別して扱う必要があります。

3.1.2 判定基準

判定基準を考えるには、basic.tsでどのようなプログラムに対して型検査器がNGを返してほしいかを検討する必要があります。

先ほどプログラムの例として紹介したコード3.1は型検査器でOKになってほしいところです。一方、下記のようなプログラムに対してはNGを返してほしいところです。

コード3.2：basic.tsの型検査器でNGになってほしいプログラムの例1

```
(x: number, y: number) => x + z; // 変数の名前が違うのでNG

const add = (x: number, y: number) => x + y;
add(true, false); // 引数の型が間違っているのでNG
add(1, 2, 3);     // 引数の数が間違っているのでNG
```

1行めでは、おそらくはtypoにより、無名関数で未定義な変数zを参照しています。4行めと5行めは、3行めでaddとして定義した関数を呼び出す際の「引数の型」の間違いと、「引数の個数」の間違いの例です。

関数呼び出しに関しては、気づきにくいパターンがもう1つあります。それは、関数でないものを関数呼び出ししてしまうという間違いです。

コード3.3：basic.tsの型検査器でNGになってほしいプログラムの例2

```
const f = 1;
f(2); // fは関数ではないのでNG
```

これらの間違いは、basic.tsで追加した構文のうち、「変数参照」「無名関数」「関数呼び出し」に関する判定基準として採用しましょう。まとめると、次のことを保証する型システムを目指すということです。

- 未定義変数を参照しないこと
- 関数呼び出しでは、呼び出されるものが関数であること
- 関数呼び出しでは、仮引数と実引数について、型と個数が完全に一致していること

残る「逐次実行」と「変数定義」への対応は次章に回します。

仮引数（params）と実引数（args）の区別

関数呼び出しで引数として渡す項を実引数と言います。「f(42)」の42ですね。一方、渡された値が入れられた変数を仮引数と言います。「function (x: number) {…}」のxが仮引数です。

日常のプログラミングや会話では、実引数と仮引数を明確に区別しないといけないケースは多くないかもしれません。しかし、型検査器のようにプログラムを扱うプログラムでは、この区別がしばしば重要になってきます。そこで本書の型検査器のプログラムでは、実引数をargやargs、仮引数をparamやparamsと書いて区別することにします[†1]。

3.2 構文木

前章で定義したarith.tsの構文木の型Termを拡張して、basic.tsで追加した構文を扱えるようにしましょう。arith.tsにおける項の定義と同一の箇所は省略し、追加した構文に対する項の定義のみを下記に示します。

コード 3.4： basic.tsで追加した項を表す型

```
type Term =
  …（省略）… // arith.tsのTermの定義
  | { tag: "var"; name: string }
  | { tag: "func"; params: Param[]; body: Term }
  | { tag: "call"; func: Term; args: Term[] }
  | { tag: "seq"; body: Term; rest: Term }
  | { tag: "const"; name: string; init: Term; rest: Term };

type Param = { name: string; type: Type };
```

[†1] 「実」と「仮」は英語の "actual" と "formal" に対応しています。筆者の知る限り、もともとは英語でも実引数を "actual argument" や "actual parameter"、仮引数を "formal argument" や "formal parameter" と呼んでいて、"argument" と "parameter" の使い分けは不明瞭だったようですが、いつの間にか現在のように "argument" を実引数、"parameter" を仮引数として使い分けるようになっていたようです。この使い分けは便利なので本書でも採用していますが、言語やコミュニティによってはこの使い分けをしないこともあるので、注意してください。

変数参照の項は、tagを"var"としたオブジェクト型として表現しています。そのプロパティは、変数名に相当するnameのみです。

"func"は、「(n: number, b: boolean) => 1」のような無名関数の構文に対応します。関数の本体を項として保持するbodyプロパティのほかに、複数あるかもしれない仮引数を配列として保持するparamsというプロパティを持たせています。paramsに入る仮引数のために、その名前と型をパラメータとして持つTermとは別の型Paramを用意しました。仮引数の型を表すTypeは、2.3節の定義を次節で拡張していきます。

"call"は関数呼び出しの構文に対応します。呼び出される関数を保持するプロパティfuncと、呼び出し時に与えられた実引数（項）を保持するプロパティargsを持たせています。funcには、"func"が入ることもあれば、「関数名をnameプロパティとして持つ"var"」などが入ることもあります。

逐次実行に対応する"seq"と、変数定義に対応する"const"については、次の第4章で説明します。

変数参照の構文木は単なるノードなので、funcとcallの構文木の例を見てみましょう。まずはfuncの例として、「(n: number, b: boolean) => 1」の構文木をコード3.5に示します。絵にすると図3.1のような形状です。

コード3.5： funcの構文木の例

```
{
  tag: "func",
  params: [
    { name: "n", type: { tag: "Number" } },
    { name: "b", type: { tag: "Boolean" } },
  ],
  body: { tag: "number", n: 1 },
}
```

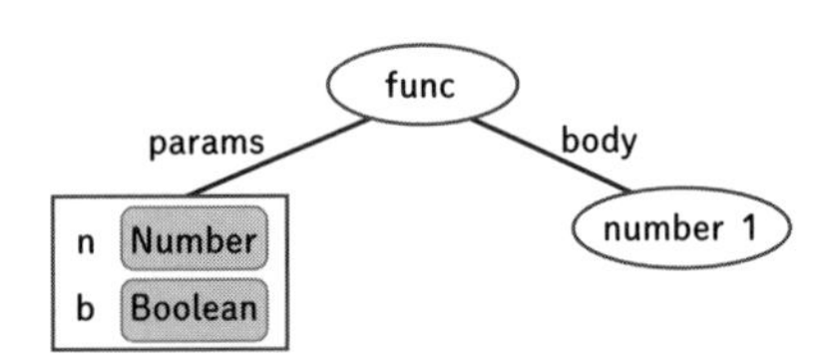

▶図3.1 「(n: number, b: boolean) => 1」の構文木

callの例として、「f(1, 2)」の構文木をコード3.6に示します。こちらの構文木にはvarの構文木も含まれています。絵にすると図3.2のような形状です。

コード3.6：callの構文木の例

```
{
  tag: "call",
  func: { tag: "var", name: "f" },
  args: [
    { tag: "number", n: 1 },
    { tag: "number", n: 2 },
  ],
}
```

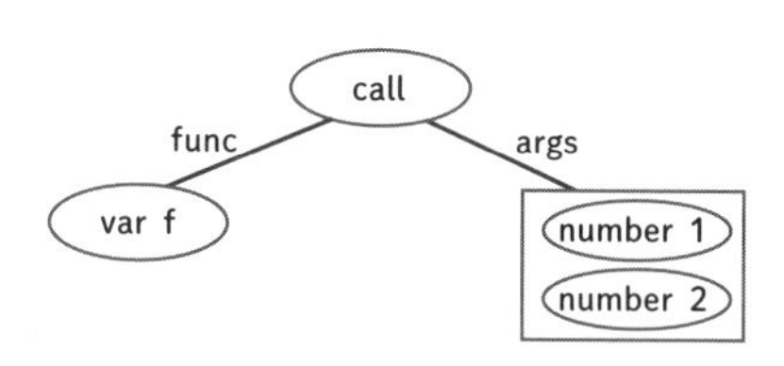

▶図3.2 「f(1, 2)」の構文木

3.3 型の定義

arith.tsでは型がboolean型とnumber型のみだったので、対象言語の型定義もシンプルなもので十分でした。basic.tsでは、構文として関数に関するものを追加したので、さらに「関数型」と呼ばれるものが登場します。TypeScriptであれば、(x: number) => booleanのようなものが関数型の例になります。

関数型は、ひとことで言うと、「関数が受け取る仮引数の型」と「関数が返す返り値の型」をまとめた型です。そのため対象言語で関数型を表現するには、型Typeが型Type自身を子として持ちます。よって、次のようにTypeを定義します。

コード3.7：basic.tsの型を表す型

```
type Type =
  | { tag: "Boolean" }
  | { tag: "Number" }
  | { tag: "Func"; params: Param[]; retType: Type };

type Param = { name: string; type: Type };
```

関数型を表すのは"Func"です。「関数が受け取る仮引数の型」と「関数が返す返り値の型」を、それぞれparamsとretTypeというプロパティに持たせるように定義しています。前者については、単なるTypeではなく、仮引数の名前も含んだParamの配列を値として持つようにしています[†2]。

例として、(x: number) => booleanに対応する型のデータ構造は下記のようになります。

コード3.8：Funcのデータ構造の例

```
{
  tag: "Func",
  params: [{ name: "x", type: { tag: "Number" } }],
  retType: { tag: "Boolean" },
}
```

Paramに埋め込まれるのは"Number"や"Boolean"で表される型に限られないことに注意してください。関数の引数の型として関数型を書けば、"Func"で表される型がParamに埋め込まれることになります。「(f: (x: number) => number) => 1」のような「関数を受け取る関数」の構文木を想像してみてください。

NOTE

basic.tsの構文は、tiny-ts-parserのparseBasic関数を使うことでパースできます。以下のようなTypeScriptのプログラムにより、対象言語のプログラムの構文木を観察できます。

コード3.9：パーサの使い方（basic.ts用）

```
import { parseBasic } from "npm:tiny-ts-parser";
const node = parseBasic("(f: (x: number) => number) => 1");

console.log(node);
```

ただし、TypeScriptのconsole.logは深い入れ子構造を勝手に省略します。省略してほしくないときは、console.log(node)の代わりにconsole.dir(node, {depth: null})などを使ってください。

†2　これはTypeScriptプログラマー以外には不思議に見えるかもしれません。TypeScriptでは関数型に仮引数名が含まれます。たとえば(x: number) => numberが関数型ですが、x:の部分は省略できません。これに合わせ、我々の型のデータ構造でも仮引数名を保存するようにしました。なお、この仮引数名は表示上の話にすぎず、型検査には影響しません。

3.4 型検査器の実装の準備

いよいよbasic.ts向けに型検査器を拡張していきましょう、と言いたいところですが、その前にいくつか片づけなければならない問題があります。具体的には、型の等価判定をするための関数と、変数がどういう型を持っているかの情報を保持する仕組みを実装する必要があります。順番に片づけていきましょう。

3.4.1 型の等価判定

arith.tsでは、対象言語の型を比較するのにthnTy.tag !== elsTy.tagのような条件式を使っていました。しかし、basic.tsでは関数型があるので、型の比較がそんなに簡単には書けません。

そこで、対象言語の型を表すデータ構造を2つ受け取り、それらが等価かどうかを判定する補助関数typeEqを定義します。2つの型をty1およびty2として、以下が全部成立したら真を返す（そうでなければ等価でないとして偽を返す）ような関数を定義すればよいでしょう。

- ty1とty2のタグが同じ
- 関数型の場合は、さらに以下を満たすこと
  - 仮引数の個数が同じ
  - 仮引数の型が同じ
  - 返り値の型も同じ

コード3.10：型の等価性判定

```
1  function typeEq(ty1: Type, ty2: Type): boolean {
2    switch (ty2.tag) {
3      case "Boolean":
4        return ty1.tag === "Boolean";
5      case "Number":
6        return ty1.tag === "Number";
7      case "Func": {
8        if (ty1.tag !== "Func") return false;
9        if (ty1.params.length !== ty2.params.length) return false;
10       for (let i = 0; i < ty1.params.length; i++) {
11         if (!typeEq(ty1.params[i].type, ty2.params[i].type)) {
12           return false;
13         }
14       }
15       if (!typeEq(ty1.retType, ty2.retType)) return false;
16       return true;
17     }
18   }
19 }
```

関数型の場合、引数の名前までは比較していないことに注意してください。TypeScriptでも`(x: number) => number`と`(y: number) => number`は同じ型として扱われるので、その必要がないことは直観的には納得できると思います。

NOTE

ちょっと先回りして補足すると、関数型の等価性に「引数の名前が同じ」という制約を付けてしまうと、このあと拡張するtypecheck関数で次のようなプログラムがNGとなってしまいます。

コード3.11：引数の名前を比較するとNGになるプログラムの例

```
1  const f = (a: (x: number) => number) => 1;
2  const g = (y: number) => 1;
3
4  f(g);
```

3.4.2 型環境

型検査器がやることは、プログラムの構文木が判定基準を満たすかどうかを「項の型」から決めることです。`arith.ts`で扱っていた項はすべて、その項が書かれている文脈に依存せず、項の構文だけから型を決定できました。

しかし、`basic.ts`で新しく追加した変数参照では、そうはいきません。たとえば、「`(x: number) => x`」の中に書かれた`x`は`number`型ですし、「`(x: boolean) => x`」の中に書かれた`x`は`boolean`型です。つまり変数参照の項の型は、まったく同じ項であっても、その変数に何が入っている文脈であるかによって変化します。

したがって、新しく追加した項に対する処理を`typecheck`関数の`switch`文に書き足していこうと思っても、「`"var"`に対する処理」を書く段階でいきなり行き詰まることになります。「変数`x`の型」を返す処理を書きたいわけですが、`arith.ts`のときの`typecheck`関数の実装のままでは、何を返せばいいのかわからないからです。

コード3.12：変数参照の項に対応する型がわからない

```
1  function typecheck(t: Term): Type {
2    switch (t.tag) {
3      …（省略）…
4      case "var":
5        return ??? // ここで何を返せばよい？
6                   // 読み出す変数によって、返すべき型が変わる
7      …（省略）…
8    }
9  }
```

ここで必要になるのは、「変数が現在どういう型を持っているか」という情報を管理するための仕組みです。そのような情報のことを「型付け文脈」や「型環境」と呼びます。これをTypeScriptで実装するには、「変数名」から「型」への対応関係をRecord<string, Type>やMap<string, Type>を使って保持すればいいでしょう。

本書ではRecordを使って型環境を実装することにします。まずはそのための（TypeScriptの）型にTypeEnvという名前を付けておきます[†3]。

コード 3.13： 型環境を表す型

```
type TypeEnv = Record<string, Type>;
```

arith.tsで定義したtypecheck関数を修正して、TypeEnv型の引数も取るようにしておきましょう。

コード 3.14： typecheck 関数が TypeEnv 型の引数を取るようにする

```
1  function typecheck(t: Term, tyEnv: TypeEnv): Type {
2    switch (t.tag) {
3      case "true":
4        return { tag: "Boolean" };
5      case "false":
6        return { tag: "Boolean" };
7      case "if": {
8        const condTy = typecheck(t.cond, tyEnv);
9        if (condTy.tag !== "Boolean") throw "boolean expected";
10       const thnTy = typecheck(t.thn, tyEnv);
11       const elsTy = typecheck(t.els, tyEnv);
12       if (!typeEq(thnTy, elsTy)) {
13         throw "then and else have different types";
14       }
15       return thnTy;
16     }
17     case "number":
18       return { tag: "Number" };
19     case "add": {
20       const leftTy = typecheck(t.left, tyEnv);
21       if (leftTy.tag !== "Number") throw "number expected";
22       const rightTy = typecheck(t.right, tyEnv);
23       if (rightTy.tag !== "Number") throw "number expected";
24       return { tag: "Number" };
25     }
26     default:
27       throw new Error("not implemented yet");
28   }
29 }
```

作りながら試せるように、最後にdefault:節も付けておきました。また、thnTy !== elsTyの比較をtypeEqに置き換えました。

---

†3 TypeEnvは“type environment”（型環境）の略です。

3.5 型検査器の実装

型の等価性を判定できるようになり、型環境の追加ができたところで、新しく追加した項に対する処理を型検査器に増やしていきましょう。ここでは、ひとまず変数参照、無名関数、関数呼び出しの3つに対する処理を実装します。逐次実行と変数定義については次の第4章で取り組みます。

3.5.1 typecheck関数の改造 — 変数参照

"var"については、変数名で型環境を探せば対応する型が得られるはずなので、「変数名t.nameで型環境tyEnvを引く」という処理を書けばよさそうに思えますね。

コード3.15：変数参照の型検査（間違い）

```
1 function typecheck(t: Term, tyEnv: TypeEnv): Type {
2   switch (t.tag) {
3     …（省略）…
4     case "var":
5       return tyEnv[t.name];
6     …（省略）…
7   }
8 }
```

でもちょっと待ってください。実は、型環境に変数が入っていないケースもあるのです。それはどんなときでしょうか。

ここで、型検査器で保証したかった性質の1つめを思い出しましょう。「未定義変数を参照しないこと」でした。当たり前ですが、型環境にはその文脈で定義されている変数だけが入っています。言い換えると、型環境に変数が入っていないケースというのは、つまり未定義変数の参照にほかなりません。

ということで、tyEnvにt.nameが入っていなかったら判定基準を満たさないので、型検査器としてはNGにするのが適切です。unknown variableというエラーを投げることにしましょう。

コード3.16：変数参照の型検査（正しい実装）

```
1  function typecheck(t: Term, tyEnv: TypeEnv): Type {
2    switch (t.tag) {
3      …（省略）…
4      case "var": {
5        if (tyEnv[t.name] === undefined)
6          throw new Error(`unknown variable: ${t.name}`);
7        return tyEnv[t.name];
8      }
9      …（省略）…
10   }
11 }
```

3.5.2 typecheck関数の改造 — 無名関数

次は"func"の項に対する処理です。具体例をもとに考えていきます。

「(x: boolean) => 42」という項の型は(x: boolean) => numberですね。この項の構文木はコード3.17、型のデータ構造はコード3.18です。

コード3.17：項(x: boolean) => 42の構文木

```
{
  tag: "func",
  params: [{ name: "x", type: { tag: "Boolean" } }],
  body: { tag: "number", n: 42 },
}
```

コード3.18：型(x: boolean) => numberのデータ構造

```
{
  tag: "Func",
  params: [{ name: "x", type: { tag: "Boolean" } }],
  retType: { tag: "Number" },
}
```

今書きたいのは、コード3.17を受け取ってコード3.18を返すような処理です。項「{ tag: "number", n: 42 }」をtypecheckにかけた結果が型{ tag: "Number" }になることはすでにわかっているので、次のような実装が見えてくるでしょう。

コード3.19：無名関数の型検査（未完成）

```
function typecheck(t: Term, tyEnv: TypeEnv): Type {
  switch (t.tag) {
    …（省略）…
    case "func": {
      const retType = typecheck(t.body, tyEnv);
      return { tag: "Func", params: t.params, retType };
    }
    …（省略）…
  }
}
```

実はこれでは完成していないのですが、ここでいったん実行して試してみましょう。書きかけのbasic.tsの末尾に次のように書いて、「(x: boolean) => 42」という無名関数からなるプログラムを型検査器にかけてみましょう。

コード3.20：無名関数のプログラムを型検査する例1

```
…（basic.tsの実装）…

console.log(typecheck(parseBasic("(x: boolean) => 42"), {}));
```

型検査を実行すると、コード3.18と同じ型が返るはずです。

```
$ deno run -A basic.ts ↵
{
  tag: "Func",
  params: [{ name: "x", type: { tag: "Boolean" } }],
  retType: { tag: "Number" }
}
```

うまく動いていそうですね。

では、「(x: number) => x」というプログラムはどうでしょうか？ basic.tsの末尾を次のように書き換えてみます。

コード 3.21：無名関数のプログラムを型検査する例 2

```
1  …（basic.ts の実装）…
2
3  console.log(typecheck(parseBasic("(x: number) => x"), {}));
```

これを実行すると「変数xが定義されていない」というエラーになるはずです。

```
$ deno run -A basic.ts ↵
error: Uncaught (in promise) Error: unknown variable: x
…（省略）…
```

このエラーの原因は、現在の型環境にxの型が入っていないことにあります。そもそも、まだ型環境に何かを追加する処理を一切書いていないので、そのままでは型環境はずっと空のままです。というわけで、t.paramsで宣言されている仮引数nameとその型typeを型環境newTyEnvに追加していく処理も追加しましょう。

コード 3.22：無名関数の型検査

```
1  function typecheck(t: Term, tyEnv: TypeEnv): Type {
2    switch (t.tag) {
3      …（省略）…
4      case "func": {
5        const newTyEnv = { ...tyEnv };
6        for (const { name, type } of t.params) {
7          newTyEnv[name] = type;
8        }
9        const retType = typecheck(t.body, newTyEnv);
10       return { tag: "Func", params: t.params, retType };
11     }
12     …（省略）…
13   }
14 }
```

NOTE

const newTyEnv = { ...tyEnv }というように、tyEnvオブジェクトを「コピー」してからforでtypeを追加していっている点に注目してください。コピーせずに直接tyEnvにtypeを追加してしまうと、変数が「見えてはいけない文脈」で見えるようになってしまいます。詳しくは本章末の演習問題を参照してください。

3.5.3 typecheck関数の改造 — 関数呼び出し

最後は"call"です。基本的にtypecheck関数に書くべき処理は「子を再帰的にtypecheck」です。そのうえで、「判定基準を満たしているか」を確認する処理を書いて、項全体の型をreturnします。

そのため、大まかな処理は下記のように書けます。

コード3.23：関数呼び出しの型検査（未完成）

```
function typecheck(t: Term, tyEnv: TypeEnv): Type {
  switch (t.tag) {
    …（省略）…
    case "call": {
      const funcTy = typecheck(t.func, tyEnv);
      for (let i = 0; i < t.args.length; i++) {
        const argTy = typecheck(t.args[i], tyEnv);
      }
      return …（これから実装）…;
    }
    …（省略）…
  }
}
```

関数呼び出しに関する判定基準は次の2つでした。

- 関数呼び出しでは、呼び出されるものが関数であること
- 関数呼び出しでは、仮引数の型と、実引数の型と個数が完全に一致していること

呼び出されるものが関数であるかどうかは、「funcTyが"Func"であるかどうか」でわかります。

コード3.24：関数呼び出しの型検査（型の確認）

```
function typecheck(t: Term, tyEnv: TypeEnv): Type {
  switch (t.tag) {
    …（省略）…
    case "call": {
      const funcTy = typecheck(t.func, tyEnv);
      if (funcTy.tag !== "Func") throw new Error("function type expected");
    …（省略）…
  }
}
```

引数については、まず「個数」を確認します。仮引数の個数はfuncTy.params.lengthで、実引数の個数はt.args.lengthなので、これらが等しいことを見るだけです。

コード3.25：関数呼び出しの型検査（引数の個数の確認）

```
function typecheck(t: Term, tyEnv: TypeEnv): Type {
  switch (t.tag) {
    …（省略）…
    case "call": {
      const funcTy = typecheck(t.func, tyEnv);
      …（省略）…
      if (funcTy.params.length !== t.args.length) {
        throw new Error("wrong number of arguments");
      }
    …（省略）…
  }
}
```

引数の型については、for文の中で1つずつ確認していく必要があります。仮引数の型はfuncTy.params[i]で、実引数の項はt.args[i]に入っています。実引数の項をtypecheckして得られた型が、仮引数の型と一致していることを確認します。つまり、次のように書けばいいでしょう。

コード3.26：関数呼び出しの型検査（引数の型の確認）

```
function typecheck(t: Term, tyEnv: TypeEnv): Type {
  switch (t.tag) {
    …（省略）…
    case "call": {
      const funcTy = typecheck(t.func, tyEnv);
      …（省略）…
      for (let i = 0; i < t.args.length; i++) {
        const argTy = typecheck(t.args[i], tyEnv);
        if (!typeEq(argTy, funcTy.params[i].type)) {
          throw new Error("parameter type mismatch");
        }
      }
    …（省略）…
  }
}
```

最後は、"call"に対してtypecheck関数が返すべき型ですが、これはもうfuncTy.retTypeに入っているので、それを返すだけです。

以上をまとめると、"call"の処理は次のように書けます。

コード 3.27： 関数呼び出しの型検査

```
function typecheck(t: Term, tyEnv: TypeEnv): Type {
  switch (t.tag) {
    …（省略）…
    case "call": {
      const funcTy = typecheck(t.func, tyEnv);
      if (funcTy.tag !== "Func") throw new Error("function type expected");
      if (funcTy.params.length !== t.args.length) {
        throw new Error("wrong number of arguments");
      }
      for (let i = 0; i < t.args.length; i++) {
        const argTy = typecheck(t.args[i], tyEnv);
        if (!typeEq(argTy, funcTy.params[i].type)) {
          throw new Error("parameter type mismatch");
        }
      }
      return funcTy.retType;
    }
    …（省略）…
  }
}
```

3.6 型検査器を動かしてみる

ここまでに実装したbasic.tsを動かしてみましょう。先ほど失敗した「(x: number) => x」はちゃんと処理できるでしょうか。

コード 3.28： コード 3.21の再掲

```
…（basic.tsの実装）…

console.log(typecheck(parseBasic("(x: number) => x"), {}));
```

実行すると次のように関数の型が返るはずです。

```
$ deno run -A basic.ts ↵
{
  tag: "Func",
  params: [ { name: "x", type: { tag: "Number" } } ],
  retType: { tag: "Number" }
}
```

無名関数を呼び出すプログラムも試してみましょう。最後の行を次のように書き換えてみてください。

コード 3.29： 無名関数を呼び出すプログラムの型検査

```
…（basic.tsの実装）…

console.log(typecheck(parseBasic("( (x: number) => x )(42)"), {}));
```

実行すると返り値としてnumber型が返されるはずです。

```
$ deno run -A basic.ts ↵
{ tag: "Number" }
```

最後の例として、型エラーになるプログラムも試してみます。先ほどと同じ無名関数に、期待するnumber型の値ではなくboolean型の値を与えるとどうなるでしょうか。

コード3.30：型エラーになる例

```
1  …（basic.tsの実装）…
2
3  console.log(typecheck(parseBasic("( (x: number) => x )(true)"), {}));
```

これは下記のように型エラーになるはずです。期待通りですね。

```
$ deno run -A basic.ts ↵
error: Uncaught (in promise) Error: test.ts:1:22-1:26 parameter type mismatch
…（省略）…
```

これ以外にも、次のような例をいろいろ試してみてください。

- 未定義変数を参照するプログラム（例：「(x: number) => y」）
- 引数の数の誤り（例：「((x: number) => 42)(1, 2, 3)」）
- 関数を受け取る関数（例：「(f: (x: number) => number) => 1」）

3.7 まとめ

本章では、boolean型とnumber型に加えて、関数型を型システムに加えました。項としては"var"、"func"、"call"とそれに対応する型検査器の処理を実装しました。

次章では"seq"と"const"の対応を加えてbasic.tsを完成させます。

NOTE

本章の内容はTAPLでは第9章「単純型付きラムダ計算」に対応します。typecheck関数は、TAPLの図9.1「単純型付きラムダ計算」をプログラムの形にしたものです。

演習問題

"func"の対応の際、型環境をコピーすると言いました。コピーせず、次のように書いたらどのような問題が起きるでしょうか。

コード3.31：型環境をコピーしない実装

```
function typecheck(t: Term, tyEnv: TypeEnv): Type {
  switch (t.tag) {
    …（省略）…
    case "func": {
      for (const { name, type } of t.params) {
        tyEnv[name] = type;
      };
      const retType = typecheck(t.body, tyEnv);
      return { tag: "Func", params: t.params, retType }
    }
    …（省略）…
  }
}
```

ヒント：この誤った実装では、型検査器がOKと言ってはいけないプログラムにOKと言ってしまいます。どのようなプログラムでしょうか。

（解答は159ページ）

第4章

逐次実行と変数定義

本章では、前章であと回しにした「逐次実行」と「変数定義」を型検査器に導入して`basic.ts`を完成させましょう。

4.1 型検査器の仕様

「Aをやって、次にBをやる」というのが逐次実行です。たとえば関数呼び出しを順番に行うと逐次実行になります。

コード4.1：逐次実行の例

```
f(1);
f(2);
```

逐次実行に関しては、型システムで新たに検査することはありません。つまり、新たな判定基準は追加しません。

もう1つの変数定義は、要するにTypeScriptの`const`文です。変数定義があれば、次のようにして無名関数に名前を付けることが可能になります。

コード4.2：変数定義の例

```
const x = 1 + 2;
const y = x + x;
const add = (x: number, y: number) => x + y;
```

ただし対象言語の`const`文は、いくつかの点でTypeScriptの`const`文とは異なるものとします。判定基準という観点では、以下の2点がTypeScriptの`const`文と異なります（他の相違については実装を終えてから4.6節で取り上げます）。

1. 型注釈は書けないものとする
2. 同じ名前の変数を再定義できるものとする

もしTypeScriptと同じように変数定義で「`const x: number = 1 + 2;`」のように型注釈を書けるようにするならば、型検査器では「初期化で与えられた項が明示的な型注釈と合致すること」を確認する必要があります。対象言語では明示的な型注釈に対応しないことにするので、この検査は不要です。

2つめは、TypeScript（およびJavaScript）では許されていない「変数の衝突」を許すという意味です。つまり`basic.ts`の型検査器は、次のような対象言語のプログラムに対してOKと言うものとします。

コード4.3：変数の再定義をするプログラムの例

```
1  const x = 1;
2  x; // ここでのxはnumber型
3
4  const x = true; // TypeScriptではこの再定義は型エラーになる
5                  // 本書の型システムでは型エラーにしない
6  x; // 本書の型システムでは、ここでのxはboolean型
```

TypeScriptでは許されていない変数の衝突ですが、本書が参考にしているTAPLでは禁止されていないので、本書の型検査器でも許すことにします。したがって変数定義に関しても判定基準の追加は不要です。

変数のスコープとshadowing

TypeScriptでも、ブロック（波括弧で括られるコード）の中では、その外側で定義された同名の変数の再定義が許されています。たとえば次のようなプログラムであればTypeScriptでも許されます。

コード4.4：ブロック内で変数を再定義しているTypeScriptのプログラム

```
1  const x = 42;
2  x; // ここではxは42
3
4  const f = () => {
5    const x = true; // 本来のTypeScriptでもここでの再定義は許される
6    x; // ここではxはtrue
7  };
8
9  x; // ブロックの外ではxは元通り42
```

定義された変数が有効な範囲のことを一般に「スコープ」と呼びます。TypeScriptでは、外側のスコープで定義された変数を、内側のスコープで同じ名前により再定義（正確には再宣言）することが可能というわけです。このようにスコープの内側で外側の変数定義を「隠す」ことはshadowingと呼ばれます。

対象言語でshadowingを可能にするためには、同じブロックの中における変数の再定義だけをエラーにする必要があります。そのためには、「各変数がどのブロックで定

義されたか」を何らかの形で記録しておく必要があります。これは型システムの基礎を学ぶためには不必要な複雑さなので、本書では通常の変数のshadowingは扱わないこととしました。とんでもなく難しいわけではないので、本書を読み終えたあとでの演習問題としてよいかもしれません。

4.2 構文木

Termの定義には、前章で逐次実行（"seq"）と変数定義（"const"）をすでに追加しています。改めてその部分だけ再掲します。

コード4.5： 逐次実行と変数定義の項を表す型

```
type Term =
  …（省略）… // basic.tsのTermの他の定義
  | { tag: "seq"; body: Term; rest: Term }
  | { tag: "const"; name: string; init: Term; rest: Term };
```

"seq"の定義の直観的な説明は、「まずbodyの項を実行し、それが終わったらrestの項を実行する」です。逐次実行全体としては、restの返り値を返すように型検査器を定義するつもりです。

入れ子構造になっているので一瞬わかりにくいかもしれませんが、restがまた逐次実行の可能性もあることに注意してください。ちょっと人工的な例ですが、「1; 2; 3; 4;」という逐次実行からなるプログラムの構文木はコード4.6のようになります。絵にすると図4.1のような形状の木に相当します。

コード4.6： seqの構文木の例

```
{
  tag: "seq",
  body: { tag: "number", n: 1 },
  rest: {
    tag: "seq",
    body: { tag: "number", n: 2 },
    rest: {
      tag: "seq",
      body: { tag: "number", n: 3 },
      rest: { tag: "number", n: 4 },
    }
  }
}
```

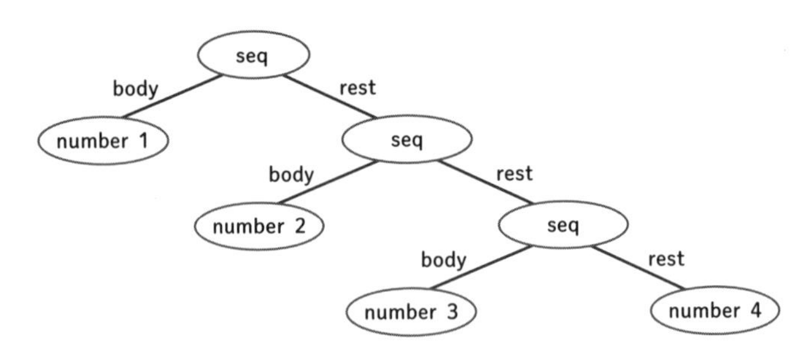

▶ 図4.1　「1; 2; 3; 4;」の構文木

NOTE

seqのbodyの中にseqやconstが入れ子で現れることはありません。データ構造上はそのような構造があり得るのですが、tiny-ts-parserのパーサ（parseBasic関数、28ページ参照）がそのような構文木を生成しないようになっています。

変数定義の項は"const"で、定義される変数名のためのプロパティnameと、その変数に入れる項を保持するプロパティinitで構成しています。また、逐次実行と同じ要領で、この変数定義が終わったあとに評価すべき項を入れておくプロパティrestも持たせています。

例として、「const x = 1; x;」という変数定義を含んだプログラムの構文木はコード4.7のようになります（図4.2）。

コード4.7： constの構文木の例

```
{
  tag: "const",
  name: "x",
  init: { tag: "number", n: 1 },
  rest: { tag: "var", name: "x" },
}
```

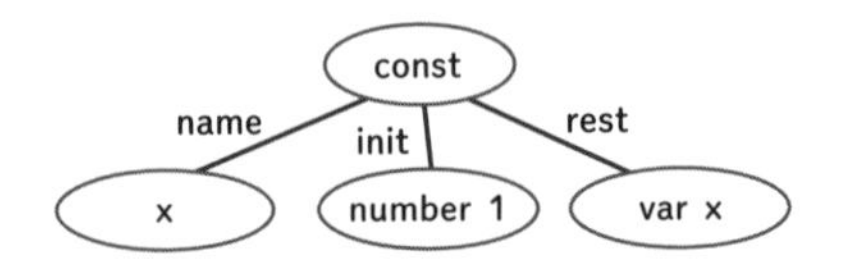

▶ 図4.2　「const x = 1; x;」の構文木

NOTE

後続の項をrestプロパティという入れ子構造で扱うのは、TAPLで使われているML言語風の考え方です。TypeScriptでは、変数定義を文とし、逐次実行は文や式の配列として扱うのが直観的でしょう。ただ、この方式だと、型検査器の実装が無駄に複雑になってしまうので、本書ではML風の構文木を採用しました。興味のある人は章末の演習問題を考えてみてください。

4.3 型検査器の実装

新しい型は追加していないので、型Typeの定義は前章のままです。さっそくtypecheck関数のswitch文に、"seq"と"const"に対する処理を加えていきましょう。

4.3.1 typecheck関数の改造 — 逐次実行

逐次実行の項は、bodyとrestを子として持つので、これらを再帰的にtypecheckするという処理を書きます。前節で触れたように、逐次実行全体としてはrestの返り値をそのまま返します。

コード4.8： 逐次実行に対する型検査

```
function typecheck(t: Term, tyEnv: TypeEnv): Type {
  switch (t.tag) {
    …（省略）…
    case "seq":
      typecheck(t.body, tyEnv);
      return typecheck(t.rest, tyEnv);
    …（省略）…
  }
}
```

実は逐次実行はこれで完成です。t.bodyをtypecheckしていますが、その返り値はなんでもよいので、特に何もする必要がないからです。

それでもtypecheck(t.body, tyEnv)自体を省いてはいけません。これを省くと「(1 + true); true;」のようなプログラムがOKとなってしまうからです。その部分の返り値を使わないとしてもtypecheck自体は行う必要があります。

なお、本章の拡張で新たな判定基準は追加されていないので、これらの処理で新たにthrow文を実行すべきところはありません。これは次の変数定義も同様です。

NOTE

鋭い人は、「t.bodyの中にconst文があったら型環境を更新しないといけないのでは？」と心配になるかもしれません。44ページのNOTEで述べた通り、tiny-ts-parserのパーサは「seqのbodyの中にseqやconstが入れ子で出現する」ような構文木を生成しないので、その心配は不要です。

4.3.2 typecheck関数の改造 ― 変数定義

最後は変数定義の項です。initとrestの2つをtypecheckしましょう。

コード4.9：変数定義に対する型検査

```
function typecheck(t: Term, tyEnv: TypeEnv): Type {
  switch (t.tag) {
    …（省略）…
    case "const": {
      typecheck(t.init, tyEnv);
      return typecheck(t.rest, tyEnv);
    }
    …（省略）…
  }
}
```

逐次実行に対する処理とそっくりですね。しかし変数定義の項に対する処理はこれだけではダメです。何がダメかは、"func"に対する処理を書いたときを思い返すとわかるでしょう。そう、これだけでは、せっかく定義された変数が型環境に反映されないのです。型環境に変数定義を追加して、restに対するtypecheckでそれが使われるようにしましょう。

コード4.10：変数定義では型環境の更新が必要

```
function typecheck(t: Term, tyEnv: TypeEnv): Type {
  switch (t.tag) {
    …（省略）…
    case "const": {
      const ty = typecheck(t.init, tyEnv);
      const newTyEnv = { ...tyEnv, [t.name]: ty };
      return typecheck(t.rest, newTyEnv);
    }
    …（省略）…
  }
}
```

NOTE

コード4.10の6行めにある`{ ...tyEnv, [t.name]: ty }`は、「`tyEnv`をコピーしつつ、`t.name`のプロパティを`ty`に差し替えたオブジェクト」を表します。わかりにくかったら、次のように書き換えてもかまいません。

コード4.11： 型環境の更新の別の書き方

```
const newTyEnv = { ...tyEnv };
newTyEnv[t.name] = ty;
```

4.4 型検査器を動かしてみる

ついに`basic.ts`が完成しました。改めて全体を示します。

コード4.12： basic.tsの全体像

```
import { error, parseBasic } from "npm:tiny-ts-parser";

type Type =
  | { tag: "Boolean" }
  | { tag: "Number" }
  | { tag: "Func"; params: Param[]; retType: Type };

type Param = { name: string; type: Type };

type Term =
  | { tag: "true" }
  | { tag: "false" }
  | { tag: "if"; cond: Term; thn: Term; els: Term }
  | { tag: "number"; n: number }
  | { tag: "add"; left: Term; right: Term }
  | { tag: "var"; name: string }
  | { tag: "func"; params: Param[]; body: Term }
  | { tag: "call"; func: Term; args: Term[] }
  | { tag: "seq"; body: Term; rest: Term }
  | { tag: "const"; name: string; init: Term; rest: Term };

type TypeEnv = Record<string, Type>;

function typeEq(ty1: Type, ty2: Type): boolean {
  switch (ty2.tag) {
    case "Boolean":
      return ty1.tag === "Boolean";
    case "Number":
      return ty1.tag === "Number";
    case "Func": {
      if (ty1.tag !== "Func") return false;
      if (ty1.params.length !== ty2.params.length) return false;
      for (let i = 0; i < ty1.params.length; i++) {
        if (!typeEq(ty1.params[i].type, ty2.params[i].type)) {
          return false;
        }
      }
```

```
38        if (!typeEq(ty1.retType, ty2.retType)) return false;
39        return true;
40      }
41    }
42  }
43
44  export function typecheck(t: Term, tyEnv: TypeEnv): Type {
45    switch (t.tag) {
46      case "true":
47        return { tag: "Boolean" };
48      case "false":
49        return { tag: "Boolean" };
50      case "if": {
51        const condTy = typecheck(t.cond, tyEnv);
52        if (condTy.tag !== "Boolean") error("boolean expected", t.cond);
53        const thnTy = typecheck(t.thn, tyEnv);
54        const elsTy = typecheck(t.els, tyEnv);
55        if (!typeEq(thnTy, elsTy)) {
56          error("then and else have different types", t);
57        }
58        return thnTy;
59      }
60      case "number":
61        return { tag: "Number" };
62      case "add": {
63        const leftTy = typecheck(t.left, tyEnv);
64        if (leftTy.tag !== "Number") error("number expected", t.left);
65        const rightTy = typecheck(t.right, tyEnv);
66        if (rightTy.tag !== "Number") error("number expected", t.right);
67        return { tag: "Number" };
68      }
69      case "var": {
70        if (tyEnv[t.name] === undefined)
71          error(`unknown variable: ${t.name}`, t);
72        return tyEnv[t.name];
73      }
74      case "func": {
75        const newTyEnv = { ...tyEnv };
76        for (const { name, type } of t.params) {
77          newTyEnv[name] = type;
78        }
79        const retType = typecheck(t.body, newTyEnv);
80        return { tag: "Func", params: t.params, retType };
81      }
82      case "call": {
83        const funcTy = typecheck(t.func, tyEnv);
84        if (funcTy.tag !== "Func") error("function type expected", t.func);
85        if (funcTy.params.length !== t.args.length) {
86          error("wrong number of arguments", t);
87        }
88        for (let i = 0; i < t.args.length; i++) {
89          const argTy = typecheck(t.args[i], tyEnv);
90          if (!typeEq(argTy, funcTy.params[i].type)) {
91            error("parameter type mismatch", t.args[i]);
92          }
93        }
94        return funcTy.retType;
```

```
95        }
96        case "seq":
97          typecheck(t.body, tyEnv);
98          return typecheck(t.rest, tyEnv);
99        case "const": {
100         const ty = typecheck(t.init, tyEnv);
101         const newTyEnv = { ...tyEnv, [t.name]: ty };
102         return typecheck(t.rest, newTyEnv);
103       }
104     }
105   }
```

NOTE

これまでは型検査がNGのときにthrow文を使っていましたが、コード4.12では代わりにerror関数を使っています。これについては次の4.5節で説明します。

前章の冒頭で紹介したコード3.1のプログラムに対して型検査をしてみましょう。basic.tsの末尾のconsole.logを下記のようにしてDenoで実行してみてください。

コード4.13：コード3.1のプログラムを型検査する

```
1   …（basic.tsの実装）…
2
3   console.log(typecheck(parseBasic(`
4     const add = (x: number, y: number) => x + y;
5     const select = (b: boolean, x: number, y: number) => b ? x : y;
6
7     const x = add(1, add(2, 3));
8     const y = select(true, x, x);
9
10    y;  ← number型が返されるはず
11  `), {}));
```

Denoで実行すると、型検査の結果がエラーにならない（型が返る）ことがわかります。このプログラムは無事に判定基準を満たすようです。

```
$ deno run -A basic.ts ↵
{ tag: "Number" }
```

basic.tsが完成したので本章は実質これで終わりです。残りの節では、tiny-ts-parserが提供するパーサ以外の関数を紹介し、basic.tsとTypeScriptの違いを少し議論します。

4.5 tiny-ts-parserの便利関数紹介

ここまでパーサとして使ってきたtiny-ts-parserには、パーサ以外にも、本書の型検査器を実装するうえで便利な関数が2つ用意されています。コード4.12でも使っているerror関数と、型を木構造ではなく見慣れた文字列の表現にするtypeShow関数です。

4.5.1 error関数

コード4.12では、throw new Errorの代わりにerrorという関数を使ってエラーを投げています。このerror関数は、筆者がtiny-ts-parserに定義しておいた補助関数で、第2引数に項を渡すと「どこで型エラーが起きたか」を表示してくれます（このためにtiny-ts-parserのパーサは構文木にlocプロパティを持たせています）。

たとえば以下のような型エラーを起こすプログラムをtypecheckにかけると...

コード4.14：型エラーを起こすプログラムに対する型検査の例

```
… (basic.tsの実装) …

console.log(typecheck(parseBasic(`12345 ? true : false`), {}));
```

以下のように「test.ts:1:1-1:6」という情報が結果に表示されて、「1行めの1カラムめから6行めまで、すなわち12345の位置に問題があった」ことがわかるようにしています。

```
$ deno run -A basic.ts ↵
error: Uncaught (in promise) Error: test.ts:1:1-1:6 boolean expected
    throw new Error … (省略) …
```

4.5.2 typeShow関数

少し複雑な型を持つプログラムをbasic.tsで型検査すると、結果として表示される型のデータ構造も複雑になります。ためしに、「関数を受け取って、その関数自身を返す」という関数を対象言語で書いてみて、それを型検査器にかけてみましょう。

コード4.15：複雑な型を持つプログラムに対する型検査の例

```
… (basic.tsの実装) …

console.dir(typecheck(parseBasic(`
  (f: (x: number) => boolean) => f
`), {}), { depth: null });
```

結果は次のような出力になるはずです。読めなくはないですが、少し気合いが必要ですね。

```
$ deno run -A basic.ts ↵
{
  tag: "Func",
  params: [
    {
      name: "f",
      type: {
        tag: "Func",
        params: [ { name: "x", type: { tag: "Number" } } ],
        retType: { tag: "Boolean" }
      }
    }
  ],
  retType: {
    tag: "Func",
    params: [ { name: "x", type: { tag: "Number" } } ],
    retType: { tag: "Boolean" }
  }
}
```

このデータ構造は、要するに次の型を表現しています。

コード 4.16： 出力された複雑な型を文字列で表現すると

```
(f: (x: number) => boolean) => (x: number) => boolean
```

上記のデータ構造も、この型の表現文字列も、同じ型を表現しているのですが、型の表現文字列のほうがデータ構造に比べてだいぶ楽に把握できますね。

tiny-ts-parserには、型のデータ構造を見慣れた型の表現文字列の表現にするtypeShowという関数が用意されています。プログラムを型検査するときに下記のようにすれば、文字列による表現が得られます。

コード 4.17： typeShow関数の使い方

```
1  …（basic.tsの実装）…
2  
3  console.log(typeShow(typecheck(parseBasic(`
4    (f: (x: number) => boolean) => f
5  `), {})));
```

もし時間があったら、自分でtypeShow関数を書いてみましょう。よい練習になるはずです。

4.6 basic.tsの注意点

basic.tsの変数定義には本来のTypeScriptの変数定義とは異なる点がいくつかあります。それらのうち判定基準を決めるうえで説明が必要な相違については、すでに4.1節で取り上げました。ここでは他の相違点として、「再帰的な参照」と「後方で定義される変数の参照」に対する挙動について補足します。いずれも変数のスコープに関する相違点です。

4.6.1 再帰的な参照

basic.tsの対象言語では、TypeScriptとは違って関数の再帰呼び出しができません。つまり、次のようなフィボナッチ関数に似た振る舞いをする関数を書けません。

コード4.18：フィボナッチ関数のようなプログラムの例

```
1 const fib = (x: number) => fib(x + 1) + fib(x + 2);
2
3 fib(0);
```

上記のプログラムをbasic.tsでtypecheckするとunknown variable: fibとなるはずです。

そもそも現在の対象言語には比較演算や引き算がないので、フィボナッチ関数を書くこと自体できないのですが、それ以前に「関数fibの中から関数fib自身を参照する」ことがbasic.tsでは禁止されているので、上記のような足し算と関数しかないプログラムであっても型検査器ではエラーになってしまうのです。

なお、TypeScriptでも「const x = x + 1」のように「関数以外を直接再帰的に参照すること」は禁止されているようです。しかし関数については再帰的な参照が許されていて、再帰呼び出しが可能になっています。

basic.tsに再帰呼び出しが可能な関数を追加する話は第6章で解説します。

正規化可能性

TAPLの第12章「正規化可能性」では、basic.ts相当の型システムについて、非常に興味深い性質が示されます。それは、「この型システムでOKと言われたプログラムは、実行が必ず停止する」ということです。

for文がないし、再帰呼び出しも禁止されているので、当たり前だと思いますか？では、for文も再帰呼び出しもない次のようなTypeScriptのプログラムを考えてみましょう[†1]。

コード 4.19： 停止しないTypeScriptプログラム

```
( (x: any) => x(x) ) ( (x: any) => x(x) );
```

一見すると何をするプログラムかわからないかもしれません。このプログラムでは、「(x: any) => x(x)」という関数に「(x: any) => x(x)」を与えて呼び出しています。x(x)のところが肝で、関数を、その関数自体を引数として呼び出しています（このような関数呼び出しを自己適用と言います）。

このTypeScriptのプログラムを実行してみると、スタックオーバーフローの例外になるはずです。下記にDenoによる実行例を示します（コード4.19をself-app.tsという名前で保存してあるものとします）。

```
$ deno run -A self-app.ts ↵
error: Uncaught (in promise) RangeError: Maximum call stack size exceeded
( (x: any) => x(x) ) ( (x: any) => x(x) );
                                    ^
    at file:///.../self-app.ts:1:36
    at file:///.../self-app.ts:1:36
    at file:///.../self-app.ts:1:36
    at file:///.../self-app.ts:1:36
    at file:///.../self-app.ts:1:36
    at file:///.../self-app.ts:1:36
    at file:///.../self-app.ts:1:36
    at file:///.../self-app.ts:1:36
    at file:///.../self-app.ts:1:36
    at file:///.../self-app.ts:1:36
```

エラーから想像できるように、ここでは無限の再帰呼び出しが起きています（現実には呼び出しスタックが有限なので、上記の実行例ではそこで異常終了で止まっています）。もしスタックが無限に長ければ、このプログラムはいつまでも終わりません。

一方、basic.ts相当の型システムでは正規化可能性が証明できるので、basic.tsがOKといったプログラムは必ず停止することが保証されます。逆に言うと、TypeScriptではなくbasic.tsでコード4.19のような停止しないプログラムを書くことはできません。つまり、コード4.19ではanyを使っていますが、このanyをbasic.tsの具体的な型に置き換えることは不可能であるということです。

正規化可能性は、実用のプログラムではあまり意味がある性質ではありませんが、興味深い性質ではあります。

†1 このプログラムは「発散コンビネータ」や“omega”と呼ばれています。

4.6.2 後方で定義される変数の参照

basic.tsでは、後方で定義される変数を前から参照できません。たとえば、const xより前にあるconst fの中でxを参照している以下のプログラムをbasic.tsで型検査すると、unknown variable: xとなります。

コード4.20： 後方で定義される変数を参照するプログラムの例

```
1  const f = () => x;
2  const x = 1;
3  f();
```

一方、TypeScriptではこのような参照が許されています。そのため、次のようなプログラムはTypeScriptで型エラーになりません。

コード4.21： TypeScriptでは後方で定義される変数を参照できる

```
1  const f = () => x;
2  f(); // 初期化前のxを参照する
3  const x = 1;
```

上記のコードに対してdeno checkコマンドを走らせても型エラーにはなりませんが、deno runコマンドで実行するとエラーになります。これは筆者にはなかなか衝撃的でした（下記の実行例では上記のコードをtdz-unsound.tsという名前で保存してあるものとします）。

```
$ deno check tdz-unsound.ts ↵
Check file:///.../tdz-unsound.ts

$ deno run -A tdz-unsound.ts ↵
error: Uncaught (in promise) ReferenceError: Cannot access 'x' before
initialization
const f = () => x;
                ^
```

「未初期化な変数を参照してしまう」という事態が起こり得ないことは、型システムによって保証したい初歩的な性質です。上記の結果は、その初歩的な性質がTypeScriptの型システムでは保証されていないことを意味します。大げさに言えば、TypeScriptは（ふつうの意味では）型安全でないと言えるでしょう。

これはあくまでも筆者の想像ですが、JavaScriptではこのようなパターンが頻出で、そのためTypeScriptでこれを禁止してしまうと多くのJavaScriptプログラマーにとって不便すぎる制限となることから妥協した結果だと思われます。実際、これを禁止してしまうと、次のように相互再帰する関数がTypeScriptで素直に書けなくなってしまいます。

コード4.22：相互再帰する関数

```
1  const f = () => g(); // 後方で定義されるgを参照したい
2  const g = () => f();
```

このケースでは、JavaScriptで動いていたプログラムがTypeScriptでそのまま動くほうが、型安全性よりも重要だと判断したのでしょう。

4.7 まとめ

本章では、逐次実行と変数参照を実装して`basic.ts`を完成させました。実用的とは言い難いミニマルな仕様のプログラミング言語が対象ではありますが、「条件分岐がある関数を定義してそれを使う」というそれなりにプログラムらしいプログラムのための型検査器を作ることで、型システムという仕組みの基本的な考え方を味わっていただけたのではないでしょうか。

NOTE

本章の内容はTAPLでは第11章「単純な拡張」の中の、11.3節（派生形式）と11.5節（let束縛）に対応します。

実は、この章で追加した逐次実行と変数参照は、関数（無名関数と関数呼び出し）だけを使って表現できる構文です。たとえば「`f(0); f(1);`」という逐次実行は、「`( (x: unknown) => f(1) )(f(0))`」というプログラムと本質的には同じです†2。同様に変数定義も関数だけで表現できます。

TAPLの11.3節のタイトルにある「派生」というのは、型システムにおいて逐次実行や変数参照が「関数という基本的な操作から派生的に得られるもの」ということを意味しています†3。第11章のタイトルが「単純」と言っているのも、そのような意味合いです。

演習問題

逐次実行の構文木を、本章のような`rest`の入れ子構造ではなく、直観的な配列で表現した場合、型検査器の実装がどうなるかを考えてみてください。つまり、次のような構文木を扱う型検査器を実装してみてください。

コード4.23：逐次実行の項を表す型の別定義

```
1  type Term =
2    …（省略）…
3    | { tag: "seq2"; body: Term[] }
4    | { tag: "const2"; name: string; init: Term };
```

†2 TypeScriptの`unknown`型は、どんな値でも入れられる型です。`any`型と考えても大丈夫です。

†3 実は次章で説明するオブジェクト型も関数型の派生として表現できます。

`tiny-ts-parser`は、このような構文木を返すパーサ関数`parseBasic2`を提供しています。

（解答は160ページ）

第5章

オブジェクト型

前章で完成した型検査器の対象言語は、条件分岐や関数の定義といったプログラミング言語らしい機能は備えていますが、利用できる値は真偽値と数値リテラルだけです。より実用的なプログラミング言語では、こうした基本的な組み込みのデータだけでなく、より複雑なデータ構造も扱えるのが一般的です。たとえばTypeScriptであれば、オブジェクト型[†1]と呼ばれるデータ構造が利用できます。型検査器の実装でも、このオブジェクト型を使うことで「対象言語の型」を定義しました。

本章では、対象言語にもオブジェクト型を導入して次のようなプログラムが書けるようにしていきます。

コード5.1：オブジェクト型を使ったプログラムの例

```
const x = { foo: 1, bar: true };
x.foo;
```

5.1 型検査器の仕様

オブジェクト型を扱えるように型検査器を拡張するためには、これまでと同じく、対象言語への構文の追加と、型検査器で保証すべきことを明らかにする必要があります。本章の型検査器は、前章の`basic.ts`をオブジェクト型で拡張していくので、`obj.ts`という名前にします。

[†1] JavaScript/TypeScript以外の言語では、構造体（`struct`）やレコード型と呼ばれます。つまり、複数の値にラベル（プロパティと言います）を付けてまとめたデータの型です。

5.1.1 対象言語

対象言語の構文としては、前章までの定義に加えて、さらに次の2つを追加します。

- オブジェクト生成の構文（例：「`{ foo: 1, bar: true }`」）
- プロパティ読み出しの構文（例：「`x.foo`」）

つまりこの対象言語には、「コロン区切りで名前と値をペアにしたものを、カンマ区切りでいくつか並べて、波括弧で括る」ことにより生成できるデータ構造があり、それを「オブジェクト」と呼びます。また、オブジェクトの構成要素であるコロン区切りの名前と値のペアを「プロパティ」と呼び、オブジェクトに続けてドットとプロパティの名前を書くことで、その名前のプロパティの値を読み出せます。

この構文で生成されるオブジェクトの値は「オブジェクト型」になります。オブジェクト型は、オブジェクト生成の構文の値のところを型に置き換え、さらにカンマをセミコロンに置き換えたもので表します。たとえば「`{ foo: 1, bar: true }`」というオブジェクトに対するオブジェクト型は`{ foo: number; bar: boolean }`です。これまで型検査器の実装でTypeScriptのオブジェクトリテラルを扱ってきましたが、それと同じ要領です。特に難しくはないでしょう。

5.1.2 判定基準

この型システムでは、オブジェクト型について次の2つを保証することを目指します。

- オブジェクト型を受け取る関数には、「完全に一致するオブジェクト型」が渡される
- 「`x.foo`」のとき、`x`は必ず`foo`という名前のプロパティを持つオブジェクト型である

ここで、「完全に一致するオブジェクト型」とは、まったく同じプロパティの集合を持つオブジェクト型（ただし、プロパティの順番は異なっていてもよい）という意味です。

いずれの判定基準も当たり前に思えるかもしれませんが、1つめは少し注意が必要です。たとえば、`{ foo: number }`というオブジェクト型を受け取ってプロパティ`foo`の値を返す関数`f`があったとします。この関数に、たとえばプロパティ`foo`を持

つオブジェクトとして「{ foo: 1, bar: true }」のようなものを渡せてもよさそうに思えるでしょう。実際、TypeScriptはそれを許していて、次のプログラムで1が返ります。

コード 5.2： TypeScriptでは問題ないプログラム

```
const f = (x: { foo: number }) => x.foo;
const x = { foo: 1, bar: true };
f(x);
```

しかし、型{ foo: number }と型{ foo: number; bar: boolean }は「完全に一致するオブジェクト型」ではありません。したがって、上記の1つめの内容が「オブジェクト型が完全に一致する」ことを要求している以上、このプログラムに対して型検査器はNGを返さなければなりません。そして型検査器にOKと言ってもらうためには、次のように余計なプロパティを明示的に除外する必要があります。

コード 5.3： 対象言語の型検査器でコード 5.2 を OK にするには

```
const f = (x: { foo: number }) => x.foo;
const x = { foo: 1, bar: true };

const tmp = { foo: x.foo };
f(tmp);
```

NOTE

この判定基準を緩めてfに「{ foo: 1, bar: true }」を渡せるようにするのが、第7章で説明する「部分型付け」の理論です。

なお、プロパティの順序は問わないので、{ foo: number; bar: boolean }型を受け取る関数に{ bar: boolean; foo: number }型の値を渡すことは許されます。

コード 5.4： プロパティの順序は対象言語の型検査でも問わない

```
const f = (x: { foo: number; bar: boolean }) => x.foo;
const x = { bar: true, foo: 1 };
f(x);
```

5.2 構文木

前章までの型検査器basic.tsをobj.tsという名前に変更し、Term型の定義にオブジェクト生成とプロパティ読み出しのための2つに対応する構文木を追加しましょう。

コード 5.5： オブジェクト型に関する項を表す型の定義

```
type Term =
  …（省略）… // basic.tsのTermの定義
  | { tag: "objectNew"; props: PropertyTerm[] }
  | { tag: "objectGet"; obj: Term; propName: string };

type PropertyTerm = { name: string; term: Term };
```

tagの値としては、オブジェクト生成の構文に対応するものと、オブジェクトからのプロパティ読み出しの構文に対応するものが必要なので、それぞれ"objectNew"および"objectGet"と決めました。

"objectNew"はオブジェクト生成の構文なので、「{ foo: 1, bar: true }」のようなものが対応します。propsという名前の（実装言語の）プロパティは、（対象言語の）オブジェクトを構成する（対象言語の）プロパティの集まりに相当します。これを表すために、（対象言語の）プロパティ名を表すnameと、それを初期化する項termからなるPropertyTermという型を定義しています。

"objectGet"はプロパティ読み出しの構文なので、「x.foo」のようなものが対応します。読み取り対象のオブジェクト（「x.foo」でいうとx）を表すobjと、読み出すプロパティの名前（「x.foo」でいうとfoo）を表すpropNameにより定義しています。

例として、「{ foo: 1, bar: true }」の構文木をコード5.6に示します（図5.1）。

コード 5.6： objectNewの構文木の例

```
{
  tag: "objectNew",
  props: [
    {
      name: "foo",
      term: { tag: "number", n: 1 }
    },
    {
      name: "bar",
      term: { tag: "true" }
    }
  ],
}
```

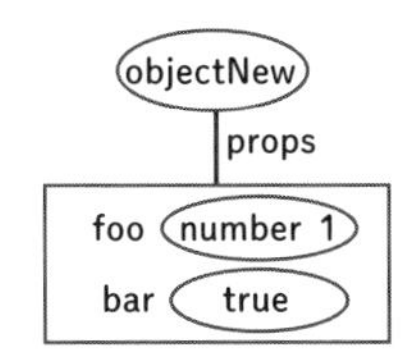

▶ 図5.1 「{ foo: 1, bar: true }」の構文木

「x.foo」の構文木はコード5.7のようになります（図5.2）。

コード5.7： objectGetの構文木の例

```
{
  tag: "objectGet",
  obj: {
    tag: "var",
    name: "x",
  },
  propName: "foo",
}
```

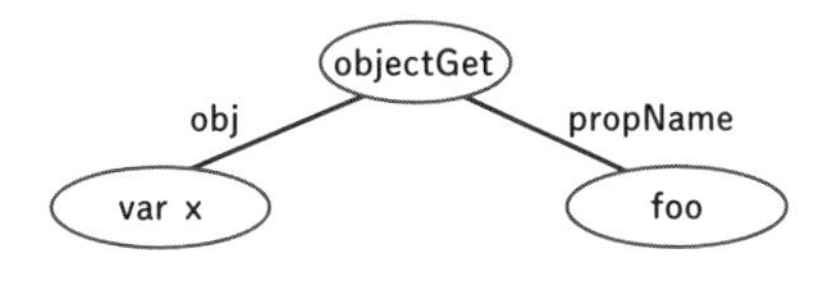

▶ 図5.2 「x.foo」の構文木

NOTE

オブジェクト生成とプロパティ読み出しの構文は、tiny-ts-parserのparseObj関数を使うことでパースできます。これにより対象言語のプログラムの構文木を観察できます。ただし、このparseObj関数では「TypeScriptのプログラムをパースする関数」を内部的に利用していて、その影響から（対象言語の）オブジェクト生成の構文{…}のパースに失敗する場合があります。TypeScriptではオブジェクトリテラルの構文だけでなくブロック文にも同じ{…}を利用していて、たとえば「{ foo: 1, bar: true }」はブロック文と見ると不正な構文だからです。

この問題に対処するには、以下のように(…)でオブジェクト生成の構文を囲んでください。これにより{…}がTypeScriptの「式」とみなされるのでパースされます。

コード5.8： オブジェクト生成の構文をパースできるようにする

```
import { parseObj } from "npm:tiny-ts-parser";
const node = parseObj("({ foo: 1, bar: true })");

console.log(node);
```

5.3 型の定義

新しい型としてオブジェクト型を導入したので、それに対応する要素をType型に追加します。

コード5.9：オブジェクト型に関する型の定義

```
type Type =
  …（省略）… // basic.tsのTypeの定義
  | { tag: "Object"; props: PropertyType[] };

type PropertyType = { name: string; type: Type };
```

tagは"Object"と定義しました。オブジェクト型はプロパティの集まりなので、プロパティを表す型PropertyTypeも定義し、その列をpropsという（実装言語の）プロパティで持たせています。各propsは、（対象言語の）プロパティ名nameと、それに入っている型typeとして表現することにしました。

例として、対象言語の型{ foo: number; bar: boolean }に対応する型のデータ構造は下記のようになります。

コード5.10：Objectのデータ構造の例

```
{
  tag: "Object",
  props: [
    { name: "foo", type: { tag: "number" } },
    { name: "bar", type: { tag: "boolean" } },
  ],
}
```

5.4 型検査器の実装

basic.tsの型検査器のコードをもとに、オブジェクト生成とプロパティ読み出しに対応するための追加のコードをobj.tsに実装していきます。

その前に、まずは新しく追加したオブジェクト型についても等価判定ができるように、basic.tsで導入したtypeEq関数を拡張する必要があります。特に難しいことはなく、比較する型のtagがいずれも"Object"であることを確認したうえで、判定基準の1つめを満たすために、「プロパティpropsが1対1に対応すること」および「それぞれの型が（typeEqの意味で）同じであること」を確認するだけです。

コード5.11：オブジェクト型の等価判定ができるようにする

```
function typeEq(ty1: Type, ty2: Type): boolean {
  switch (ty2.tag) {
    …（省略）…
```

```
4      case "Object": {
5        if (ty1.tag !== "Object") return false;
6        if (ty1.props.length !== ty2.props.length) return false;
7        for (const prop2 of ty2.props) {
8          const prop1 = ty1.props.find((prop1) => prop1.name === prop2.name);
9          if (!prop1) return false;
10         if (!typeEq(prop1.type, prop2.type)) return false;
11       }
12       return true;
13     }
14   }
15 }
```

5.4.1 typecheck関数の改造 ― オブジェクト生成

オブジェクト生成そのものに対する判定基準はありません。オブジェクト生成を表現する項を「(対象言語の) プロパティの列」として実装したので、それら各プロパティを初期化している項の型を検査すれば十分です。

実装としては、tagが"objectNew"の項Termについて、そのpropsの各項を再帰的にtypecehckし、それらの結果である型を集めてオブジェクト型として返す処理を書くだけです。

コード5.12: オブジェクト生成に対する型検査

```
1  function typecheck(t: Term, tyEnv: TypeEnv): Type {
2    switch (t.tag) {
3      …（省略）…
4      case "objectNew": {
5        const props = t.props.map(
6          ({ name, term }) => ({ name, type: typecheck(term, tyEnv) }),
7        );
8        return { tag: "Object", props };
9      }
10     …（省略）…
11   }
12 }
```

NOTE

コード5.12の6行めの無名関数について補足します。TypeScriptで`({ name, term })` `=> (...)`と書いた無名関数は、オブジェクトを受け取り、そこからnameプロパティとtermプロパティを取り出し、それらをプロパティと同名の変数として受け取ります。また、`{ name }`は`{ name: name }`と同じ意味で、「nameプロパティに対してname変数の値を対応付けたオブジェクト」を作るための省略記法です。
よって、コード5.12の6行めは次のように書いたものと同じです。

コード5.13: コード5.12の6行めの別の書き方

```
(prop) => ({ name: prop.name, type: typecheck(prop.term, tyEnv) })
```

5.4.2 typecheck関数の改造 — プロパティ読み出し

プロパティ読み出しに対応する"objectGet"については、対象となる項が確かにオブジェクト型であることをまず調べる必要があります。そのうえで判定基準の2つめを満たすために、そのオブジェクト型のプロパティの列propsに「読み出そうとしているプロパティ」があることを確認します。そのようなプロパティがあればそれを返し、なければ型エラーにします。

コード5.14: プロパティ読み出しに対する型検査

```
 1  function typecheck(t: Term, tyEnv: TypeEnv): Type {
 2    switch (t.tag) {
 3      …（省略）…
 4      case "objectGet": {
 5        const objectTy = typecheck(t.obj, tyEnv);
 6        if (objectTy.tag !== "Object") error("object type expected", t.obj);
 7        const prop = objectTy.props.find((prop) => prop.name === t.propName);
 8        if (!prop) error(`unknown property name: ${t.propName}`, t);
 9        return prop.type;
10      }
11    }
12  }
```

5.5 型検査器を動かしてみる

現状のobj.tsを使って、オブジェクト生成とプロパティ読み出しのコードの型検査をしてみましょう。いつものように、obj.tsの末尾に対象言語のコードに対するtypecheckを記述します。

コード5.15: オブジェクト型を使ったプログラムの型検査

```
1  …（obj.tsの実装）…
2
3  console.log(typecheck(parseObj(`
4    const x = { foo: 1, bar: true };
5    x.foo;
6  `), {}));
```

これをDenoで実行してみると、下記のように最後の式の型が返されるはずです。

```
$ deno -A obj.ts ↵
{ tag: "Number" }
```

5.6 まとめ

本章では対象言語にオブジェクト型を追加しました。

オブジェクト型は実用上は重要ですが、型検査器での扱いはそれほど難しくないので、練習としてよい題材です。本章を一通り読んだあとで、本を見ないでオブジェクト型を実装できるか試してみると、よい練習になると思います。

NOTE

本章の内容は、TAPLでは第11章「単純な拡張」の中の11.8節（レコード）に対応します。

演習問題

オブジェクト型はレコード型とも呼ばれます。レコード型の対になる概念として、「バリアント型」があります。バリアント型は、ML系の言語のほとんどが備えている言語機能で、最近ではRustやSwiftが「enum型」という名前で提供しています。そのような言語であれば、本書でこれまで扱ってきたType型やTerm型のようなデータを表現するときには必ずバリアント型を使います。

現在のTypeScriptはバリアント型を直接サポートしていませんが、オブジェクト型とunion型とnarrowingを組み合わせてバリアント型のようなものを表現できます。この機能を便宜的に「タグ付きunion型」と呼ぶことにします。タグ付きunion型を使って「numberかbookean」を表す型を表現した例をコード5.16に示します。

コード5.16：TypeScriptでバリアント型を表現する例

```
1  // numberかbooleanのタグ付きunion型
2  type NumOrBool =
3  | { tag: "num"; numVal: number }
4  | { tag: "bool"; boolVal: boolean };
5
6  // 42を持つNumOrBool型の値
7  const numOrBool42 = { tag: "num", numVal: 42 } satisfies NumOrBool;
8
9  // trueを持つNumOrBool型の値
10 const numOrBoolTrue = { tag: "bool", boolVal: true } satisfies NumOrBool;
11
12 const f = (x: NumOrBool) => {
13   // ここでは、xは次のようなタグ付きunion型
14   //   { tag: "num"; numVal: number } | { tag: "bool"; boolVal: boolean }
15
16   // xのタグを見て分岐する
17   switch (x.tag) {
18     case "num": {
19       // ここでは、xは{ tag: "num", numVal: number }というオブジェクト型
20       // xの型が変わったことに注意
21       return x.numVal; // これはnumber型を返す
22     }
```

```
23
24      case "bool": {
25        // ここでは、xは{ tag: "bool", boolVal: boolean }というオブジェクト型
26        // 分岐ごとにxの型が変わる
27        return -1; // switchの各分岐は同じ型を返さなければならないものとする（本書の制限）
28      }
29    }
30  }
31
32  f(numOrBool42); // 42が返される
33  f(numOrBoolTrue); // -1が返される
```

NOTE

コード5.16の27行めでは、本来のTypeScriptにはない本書特有の制限として、「switch文の各分岐は同じ型を返さなければならない」としています。これは、本書では一般のunion型を扱わないからです。11ページのNOTEも参照してください。

一般のunion型を組み込もうとすると型システムに与える影響が大きく、TAPLの範囲を越えてしまうのですが、タグ付きunion型であれば比較的簡単です。型検査器を拡張してタグ付きunion型をサポートしてみてください。

`tiny-ts-parser`には`parseTaggedUnion`という関数が用意されています。ただし、下記のようなだいぶクセの強い制限があるので注意してください。

- タグ付きunion型は、下記の形のオブジェクト型のunion型

```
{ tag: 文字列; name1: 型; name2: 型; … }
```

- タグ付きunion型の値を作るには、下記の形で型名を明記する必要がある（`{ tag: 文字列, name1: 項, … }`だけではただのオブジェクト型になってしまうので）

```
{ tag: 文字列, name1: 項, … } satisfies タグ付きunion型名
```

- タグ付きunion型を分岐するには、コード5.16のように`switch`文で分岐しないといけない
  - `switch (変数名.tag)`のように分岐しないといけない
  - `case "a": case "b":`のように分岐をまとめることはできない
  - `default:`はない
  - 各分岐は最後に必ず`return`文で値を返さなければならない

Type型には、タグ付きunion型を表現するオブジェクト型を追加します。

コード5.17：タグ付きunion型を表現する型の定義

```
type Type =
  …（省略）…
  | { tag: "TaggedUnion"; variants: VariantType[] };

type VariantType = { tagLabel: string; props: PropertyType[] };
```

tagLabelはtagの文字列、propsはtag以外のキーと値の型です。

型Termには、タグ付きunion型を作る構文（"taggedUnionNew"）と、タグ付きunion型を分解する構文（"taggedUnionGet"）を追加します。

コード5.18：タグ付きunion型に関する項の定義

```
type Term =
  …（省略）…
  | { tag: "taggedUnionNew"; tagLabel: string; props: PropertyTerm[]; as: Type }
  | { tag: "taggedUnionGet"; varName: string; clauses: VariantTerm[] };

type VariantTerm = { tagLabel: string; term: Term };
```

"taggedUnionNew"のtagLabelはtagの文字列、propsはtag以外のキーと値の項、asは明記された型（{…} satisfies NumOrBoolの例で言うとNumOrBoolの部分）です。"taggedUnionGet"のvarNameはswitch (変数名.tag)の変数名、clausesは分岐先のラベルおよび項の配列です。

タグ付きunion型の判定基準（何をOKとしたいか）を意識しながら、typeEq関数やtypecheck関数を実装してください。

なお、この演習問題はかなり難しいと思います。本書を全部読み終わったあとで、腕試しとして取り組むとよいかもしれません。

（解答は161ページ）

第6章

再帰関数

ここまでに定義してきた対象言語では、「変数定義で変数に入れられた関数を呼び出す」というプログラムを書けます。たとえば下記のプログラムの`f`は型検査器によって関数型として評価されます。

コード 6.1： 変数定義した関数を呼び出すプログラム

```
const f = (x: number) => x + 1;
f(0);
```

しかし、自分自身を呼び出すという操作をその関数の定義の中に書くことはできません。たとえば次のようなプログラムを現在の型検査器`basic.ts`で`typecheck`すると、`unknown variable: f`というエラーになるはずです。

コード 6.2： 変数定義した関数を再帰的に呼び出すプログラム

```
const f = (x: number) => f(x);
f(0);
```

このように関数が自分自身を呼び出すことを「再帰呼び出し」と言います。再帰呼び出しを使って定義される関数を「再帰関数」と呼びます。本章では再帰関数が書けるように型検査器を拡張します。

NOTE

TypeScriptでも関数の再帰呼び出しが許されているので再帰関数が可能です。しかし「関数以外」を直接再帰的に参照することは禁止されているので、たとえば「`const x = x + 1`」のようなプログラムは書けません。本書の対象言語でも再帰呼び出しは関数のみに対応します。

6.1 型検査器の仕様

6.1.1 対象言語

TypeScriptには、関数を定義する方法が2つあります。1つは、「無名関数」と「変数定義」の構文を組み合わせる方法です。

コード6.3：無名関数と変数定義による関数の定義

```
const f = (x: number) => f(x);
```

もう1つは、functionという予約語を使った構文で関数を定義する方法です。

コード6.4：functionによる関数の定義

```
function f(x: number) { return f(x); }
```

本書では、「再帰関数を定義するときはfunctionの構文を使わなければならない」というルールを定めます[†1]。つまり、constでの関数定義では再帰呼び出しできないことにします。

そのように制限するのは、再帰関数は返り値の型を推論するのが難しいからです。これまでの無名関数は、返り値の型を書かなくてもtypecheck関数が返り値の型を推論していました。しかし、再帰関数ではこの推論が自明ではありません。というのも、再帰呼び出しがどういう型を返すかは、現在型検査中のその関数の定義自体に依存するからです。そこで本書では、functionの関数定義構文で、返り値の型を書かなくてはならないことにします。

コード6.5：再帰関数の定義例

```
function f(x: number): number { return f(x); }
```

なお、無名関数の返り値の型はこれまでどおり書かなくて大丈夫です。これが、無名関数の構文と再帰関数定義の構文を分けた理由です。

長くなりましたが、要するに、次のような構文を対象言語に追加します。

- functionによる再帰関数の定義（例：コード6.5）

6.1.2 判定基準

再帰関数も関数なので、ふつうの関数と同じ判定基準が必要になります。それに加えて新たに、関数の返す値の型について次の判定基準を設けます。

[†1] 本書の対象言語では、functionで定義される関数を、その定義より前で呼び出すことはできないものとします。本来のTypeScriptではこれが許されている（巻き上げ、hoistingと呼ばれます）ので、これも相違点となります。

- 関数の返す値の型が、構文で明示された返り値の型と一致すること

再帰関数の返り値の型の推論

再帰関数の返り値の型を推論することは不可能ではありません。実際、MLでは再帰関数の返り値の型を明示することが必須ではありません。ただしそのためには、「型推論」の実装が必要になります。

MLの型推論は柔軟で強力ですが、型検査器の実装は複雑になります。また、型推論と他の言語機能を組み合わせると相性問題が生じやすいことも知られています。TAPLでは第22章でbasic.ts相当の言語の型推論が説明されていますが、他の章では基本的に型推論を扱っていません。そのため、本書でもML流の型推論は扱いません。

TypeScriptは、我々の対象言語と同様に、再帰関数の返り値の型を書くことが（事実上）必須です。ごく簡単なケースでは自動で推論してくれることもあるようですが、少し複雑になると次のようなエラーを出し、再帰関数の型を明記するように求めてきます。

```
'...' implicitly has return type 'any' because it does not have a return
type annotation and is referenced directly or indirectly in one of its
return expressions.(7023)
```

TypeScriptがML流の本格的な型推論を採用しなかったのは、このようなメリットとデメリットを勘案した結果であろうと筆者は考えています。

6.2 項と型の定義

再帰関数は結局のところ関数なので、項と型も基本的にはふつうの関数と似たような定義になります。特に型としては既存のFuncをそのまま再利用して問題ありません。したがって型Typeには変更はありません。

項については、関数呼び出しの構文に対応する"call"についてはそのまま再利用できます。新たに追加しなければならないのは、新しい構文であるfunctionに対応するTermの定義です。functionは再帰関数のための構文として用意したので、tagは"recFunc"としましょう[†2]。

"recFunc"は、無名関数である"func"と、変数定義である"const"の両方を併

[†2] "recFunc"という名前ではありますが、functionを使って再帰していない関数を定義することも禁止はしていません。しかし本書ではfunctionはあくまでも再帰関数のための構文として説明します。

せ持つような定義になります。"func"と同じく、仮引数と関数本体の情報も持ちます。さらに"const"と同じく、定義される変数名（この場合は定義される関数名）と、関数を定義したあとの後続の項を持ちます。これに加えて、function構文で返り値の型を明示することにしたので、その情報も持ちます。

以上を踏まえて"recFunc"は以下のような定義としました（"func"と"const"は比較のために再掲してあります）。

コード6.6：再帰関数に関する項を表す型の定義

```
type Term =
  …（省略）…
  | { tag: "func"; params: Param[]; body: Term }
  …（省略）…
  | { tag: "const"; name: string; init: Term; rest: Term }
  | {
    tag: "recFunc";
    funcName: string;
    params: Param[];
    retType: Type;
    body: Term;
    rest: Term;
  };
```

funcNameが定義される関数名、retTypeが返り値の型、restが後続の項を表します。paramsとbodyは"func"と同じく仮引数と関数本体です。

例として、「function f(x: number): number { return f(x); }; f;」という再帰関数の構文木をコード6.7に示します（図6.1）。

コード6.7：recFuncの構文木の例

```
{
  tag: "recFunc",
  funcName: "f",
  params: [ { name: "x", type: { tag: "Number" } } ],
  retType: { tag: "Number" },
  body: {
    tag: "call",
    func: {
      tag: "var",
      name: "f",
    },
    args: [
      {
        tag: "var",
        name: "x",
      }
    ],
  },
  rest: {
    tag: "var",
    name: "f",
  },
}
```

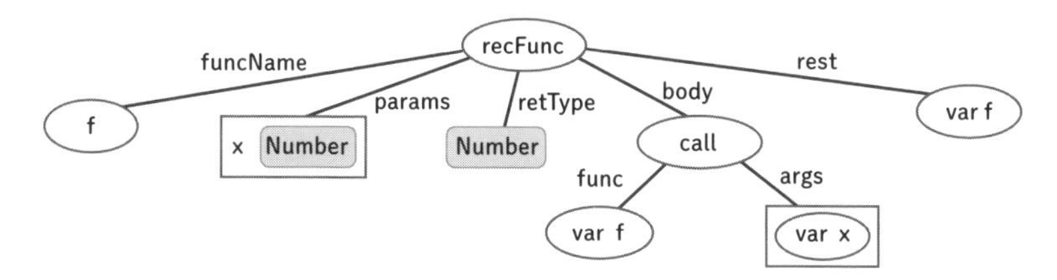

▶ 図6.1 「function f(x: number): number { return f(x); }; f;」の構文木

NOTE

再帰関数に関する構文は、tiny-ts-parserのparseRecFunc関数を使うことでパースできます。これにより対象言語のプログラムの構文木を観察できます。

6.3 型検査器の実装

再帰関数の項"recFunc"に対するtypecheckでやりたいことは、基本的には無名関数と同じなので、既存の"func"の処理（コード6.8）からスタートしましょう（本章の型検査器の実装は、basic.tsをベースにしてrecfunc.tsという名前で進めていきます）。

コード6.8： funcに対する処理（コード3.22の再掲）

```
function typecheck(t: Term, tyEnv: TypeEnv): Type {
  switch (t.tag) {
    …（省略）…
    case "func": {
      const newTyEnv = { ...tyEnv };
      for (const { name, type } of t.params) {
        newTyEnv[name] = type;
      }
      const retType = typecheck(t.body, newTyEnv);
      return { tag: "Func", params: t.params, retType };
    }
    …（省略）…
  }
}
```

おさらいすると、その時点までの型環境tyEnvに関数定義で導入された仮引数paramsの型を登録し、その新しい型環境newTyEnvで関数定義の本体t.bodyを型検査するという処理をしています。

再帰関数"recFunc"では、これに加えて「関数が返す値の型retTypeに対する検査」が必要になります。この型と、構文で明示された返り値の型t.retTypeが等しいというのが、新しく追加した判定基準でした。

さらに関数定義とは違う点がもう1つあります。"recFunc"には後続の項t.restがあるので、エラーでない場合の結果として単に関数型を返すだけでなく、続けてt.restを評価していく必要があります。実装としては変数定義"const"や複文"seq"とまったく同じ要領です。

これらの処理を追加するとコード6.9のようになります（アミがけした行に注目してください）。

コード6.9：t.restを評価するようにする

```
function typecheck(t: Term, tyEnv: TypeEnv): Type {
  switch (t.tag) {
    …（省略）…
    case "recFunc": {
      const newTyEnv = { ...tyEnv };
      for (const { name, type } of t.params) {
        newTyEnv[name] = type;
      }
      const retType = typecheck(t.body, newTyEnv);
      if (!typeEq(t.retType, retType)) error("wrong return type", t);
      return typecheck(t.rest, tyEnv);
    }
    …（省略）…
  }
}
```

実はこれだけでは足りません。上記のコードでは型環境newTyEnvにこの関数自身が含まれていないので、再帰呼び出しのためにこの関数自身を読み出そうとしたところで未定義の変数参照のエラーになってしまい、再帰呼び出しができません。

自分自身の名前はt.funcName、その型は関数型（コード6.10の5行めのfuncTy）なので、これを手動で型環境newTyEnvに追加しましょう。その新しい型環境を使ってt.bodyをtypecheckするようにします。

コード6.10：新しい型環境を使う

```
function typecheck(t: Term, tyEnv: TypeEnv): Type {
  switch (t.tag) {
    …（省略）…
    case "recFunc": {
      const funcTy: Type = { tag: "Func", params: t.params, retType: t.retType };
      const newTyEnv = { ...tyEnv };
      for (const { name, type } of t.params) {
        newTyEnv[name] = type;
      }
      newTyEnv[t.funcName] = funcTy;
      const retTy = typecheck(t.body, newTyEnv);
      if (!typeEq(t.retType, retTy)) error("wrong return type", t);
      return typecheck(t.rest, tyEnv);
    }
```

```
15        …（省略）…
16      }
17    }
```

実はこれでもまだ十分ではありません。これだけでは定義された関数をrestの中で参照できないからです。13行めのtypecheck(t.rest, tyEnv)におけるtyEnvには定義された関数が入っていないので当然ですね。

では、代わりにどういう型環境を渡すべきでしょうか。ここで「先ほどfuncTyを追加したnewTyEnvを使えばよいのでは」と思ってはダメです。newTyEnvには仮引数の一覧も入っているので、これを関数定義の後続で使うとおかしな解析結果になってしまいます（OKと言ってはいけないコードにOKと言ってしまいます。考えてみてください）。

必要なのは、定義された関数の型だけを（newTyEnvではなく）tyEnvに追加した別の型環境です。それをnewTyEnv2として別に用意しましょう。

コード 6.11： restのための型環境を別に用意する

```
1  function typecheck(t: Term, tyEnv: TypeEnv): Type {
2    switch (t.tag) {
3      …（省略）…
4      case "recFunc": {
5        const funcTy: Type = { tag: "Func", params: t.params, retType: t.retType };
6        const newTyEnv = { ...tyEnv };
7        for (const { name, type } of t.params) {
8          newTyEnv[name] = type;
9        }
10       newTyEnv[t.funcName] = funcTy;
11       const retTy = typecheck(t.body, newTyEnv);
12       if (!typeEq(t.retType, retTy)) error("wrong return type", t);
13       const newTyEnv2 = { ...tyEnv, [t.funcName]: funcTy };
14       return typecheck(t.rest, newTyEnv2);
15     }
16     …（省略）…
17   }
18 }
```

これで完成です。どの文脈にどの型環境を渡すべきかがなかなか複雑なので、よく注意する必要があります。一気に説明してしまったので、ぜひ自分でもコードを書いて理解を確認してみてください。

6.4 型検査器を動かしてみる

まずは再帰関数の定義にきちんと型が付くかだけを確認してみましょう。recfunc.tsの末尾を次のようにして実行してみます。

コード 6.12：再帰関数の定義に対する型検査

```
… (recfunc.ts の実装) …

console.log(typecheck(parseRecFunc(`
  function f(x: number): number { return f(x); }; f
`), {}));
```

以下のような結果の型が得られていれば大丈夫です。

```
$ deno -A recfunc.ts ↵
{
  tag: "Func",
  params: [ { name: "x", type: { tag: "Number" } } ],
  retType: { tag: "Number" }
}
```

続いて、定義した再帰関数を呼び出して返り値の型に関する判定基準が満たされているか確認しましょう。

コード 6.13：再帰関数の呼び出しに対する型検査

```
… (recfunc.ts の実装) …

console.log(typecheck(parseRecFunc(`
  function f(x: number): number { return f(x); }
  f(0)
`), {}));
```

きちんと`number`型になっていますね。

```
$ deno -A recfunc.ts ↵
{ tag: "Number" }
```

6.5 まとめ

前章のオブジェクト型と、本章の再帰関数は、言語に対して本質的に新しいものを追加したわけではなく、型システムの観点ではちょっとした拡張だと言えます。実際、型の追加と型環境の扱い方をそれぞれ練習した感じだったかと思います。

以降の章では、型システムに対して本質的な拡張である、部分型付け、再帰型、ジェネリクスを追加します。ここから急激に難易度が上がっていきますので、がんばってついてきてください。

NOTE

本章の内容は、TAPLでは第11章「単純な拡張」の中の11.11節（一般的再帰）に対応します。

不動点コンビネータ

突然ですが、「不動点コンビネータ」というものをご存知でしょうか。次は、不動点コンビネータの一例です[†3]。目がくらみますね。

コード6.14：不動点コンビネータの例

```
const fix =
  (f: any) =>
    ((x: any) => f((y: any) => x(x)(y)))
    ((x: any) => f((y: any) => x(x)(y)));
```

実はこのfixを使うと、再帰関数を定義できてしまいます。例として、フィボナッチ関数を計算する関数を定義してみます。

コード6.15：fixを使ったフィボナッチ関数の定義

```
// ふつうのフィボナッチ関数の定義
const fib =
  (n: number) => (n <= 1) ? n : fib(n - 1) + fib(n - 2);

// fixを使ったフィボナッチ関数の定義
const fibByFix = fix((f: (n: number) => number) =>
  (n: number) => (n <= 1) ? n : f(n - 1) + f(n - 2)
);

console.log(fibByFix(10)); //=> 55
```

fixを使った定義の面白いところは、const文で定義しようとしている変数名を再帰的に使う箇所がないことです。const fibByFix = … の中でfibByFixを参照していませんよね？

本章では、"recFunc"という、再帰関数を定義するための専用構文を導入してきました。これは変数定義"const"と無名関数"func"を合体させたようなもので、いささか「ゴツい」ものでした。

TAPLでは、"recFunc"のような専用構文を導入する代わりに、fixを構文として導入することで、間接的に再帰関数の定義を導入しています。このようにすることで、"recFunc"のような「ゴツい」ものを導入せずに済むので、対象言語の追加分が小さくなります。（とはいえ、説明の抽象度が上がってわかりにくくなるので、本書ではよく使われるfunction構文を利用して説明しました。）

---

†3 不動点コンビネータは、4.6節のコラム「正規化可能性」（52ページ）で少しだけ触れた「発散コンビネータ」の発展型です。

演習問題

本書では無名関数の返り値の型を書かないという前提で説明してきましたが、実はtiny-ts-parserのパーサは無名関数の返り値の型に対応しています。

コード6.16：無名関数の返り値の型が書ける

```
… (recfunc.tsの実装) …

console.log(parseRecFunc(`(n: number): boolean => 42`));
```

コード6.17：無名関数の返り値の型を伴う項の例

```
{
  tag: "func",
  params: [ { name: "n", type: { tag: "Number" } } ],
  retType: { tag: "Boolean" },
  body: {
    tag: "number",
    n: 42,
  },
}
```

現在はretTypeをまったく見ていないので、「(n: number): boolean => 42」というコードでも型検査が通ってしまいます。これをNGとするように改良してみてください。

また、無名関数の返り値の型が書けるのだから、const文で再帰関数を定義できるようにすることも実は可能です。やってみてください。

(解答は163ページ)

第7章

部分型付け

第5章でオブジェクト型に対する判定基準を検討した際は下記のようなプログラムを考えました（59ページ）。

コード7.1： TypeScriptでは問題ないプログラム（コード5.2の再掲）

```
const f = (x: { foo: number }) => x.foo;
const x = { foo: 1, bar: true };
f(x);
```

関数fは{ foo: number }というオブジェクト型の値を受け取ってプロパティfooの値を返します。その関数に「{ foo: 1, bar: true }」という値を渡しているのが「f(x)」です。前章までは「オブジェクトのプロパティが完全に一致する」ことを要求していたので、このプログラムに対してはNGと判定するように型検査器を実装していました。

しかし、このプログラムをTypeScriptのプログラムとして見ると、JavaScriptに変換されて実行されるうえで特に問題はなさそうです。関数fはx.fooしか参照しないので、他のプロパティがあるオブジェクトを渡しても、余分なプロパティは無視されるだけで、存在しないプロパティを読み出すなどの望ましくない挙動は起きないからです。実際、TypeScriptの型システムではこのプログラムが許されていて、実行すれば1を返します。

これを許すような型システムの拡張を「部分型付け（subtyping）」と言います。本章では、前章までの型検査器を拡張して、「{ foo: number }型を期待する関数に{ foo: 1, bar: true }型の値を渡せる」ような部分型付けを実装します。

NOTE

実際には問題のないプログラムが、型システムによりNGとして扱われてしまうことは、特に型安全性を重視している型システムではそれなりに起こり得ます。しかし、これは決して望ましい性質ではありません。型システムの研究には、型安全性を壊さない範囲でなるべくこのような誤検知を減らすという動機で発展してきた側面が多分にあります。

7.1 オブジェクト型の部分型付け

型Bが型Aの部分型であるとは、いわば「型Aを受け取る関数に型Bの値を渡しても大丈夫」ということです。たとえばコード7.1における型`{ foo: number }`を受け取る関数`f`は、型`{ foo: number }`そのものを持つ値だけでなく、`{ foo: number; bar: boolean }`のような型を持つ値も受け取っても問題なさそうです。言い換えると、「型`{ foo: number; bar: boolean }`は、型`{ foo: number }`の部分型とすることができそう」です。

プロパティの数が多いほうを「部分」と呼ぶのはちょっと不思議に感じるかもしれません。これは、その型に含まれる値の集合を考えるとわかりやすいでしょう。

たとえば、型が`{ foo: number }`であるとみなせる値として、「`{ foo: 1 }`」と「`{ foo: 1, bar: true }`」を考えます。一方、この2つの値のうち、型が`{ foo: number; bar: boolean }`とみなせる値は「`{ foo: 1, bar: true }`」だけです。

つまり、型が`{ foo: number; bar: boolean }`であるとみなせる値はすべて、型が`{ foo: number }`の値ともみなせます。一方で、その逆は言えません。型`{ foo: number; bar: boolean }`の値の集合は、型`{ foo: number }`の値の集合より小さい、つまり「部分」集合であるということです（図7.1）。

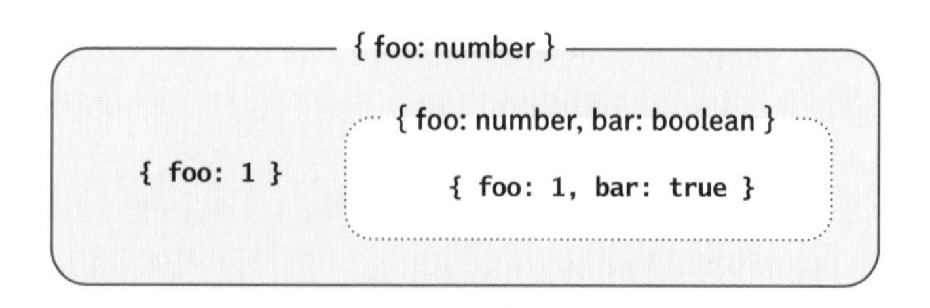

▶図7.1　オブジェクト型に関する部分型の関係

「部分型付け」と「部分型」

本文では、「型{ foo: number; bar: boolean }は、型{ foo: number }の部分型である」と言い切らず、「型{ foo: number; bar: boolean }は、型{ foo: number }の部分型とすることが**できそう**」という言い方をしています。これは、私たちは今、誰かの作った型システムについて勉強しているのではなく、**自分たちで**型システムを作っているからです。何を何の部分型とするかは、どこかの誰かが決めることではなく、型システムを作っている人たちが自分たちで決めることなのです。

何を何の部分型とするか決めたうえで、部分型を考慮して型付けをすることを「部分型付け」と言います。部分型付けのある型システムのことを指して「部分型がある」と非公式に表現することはありますが、number型や関数型などと同格の独立した型として「部分型」という型があるわけではありません。そのため、型システムに詳しい人たちは、「部分型がある」ではなく「部分型付けがある」という言い方を好むようです。

7.2 その他の型の部分型付け

前節ではオブジェクト型の部分型付けについて検討しました。部分型付けはオブジェクト型の間でしか考えられないわけでなく、他の型についても考えられます。せっかくなので、これまで実装してきた他の型についても部分型付けを考えておきましょう。

7.2.1 number型とboolean型の部分型付け

最初はnumber型とboolean型です。世の中には、boolean型の値を0と1とみなし、それをnumber型を受け取る関数に渡せるような言語があります。そのため、boolean型をnumber型の部分型としてもおかしくはありません。

しかし、実装言語であるTypeScriptはそのような言語ではないので、対象言語の型システムではこの方針を採用するのはやめておきましょう。

7.2.2 関数型（返り値）の部分型付け

次は関数型です。「型Aを受け取る関数に型Bの値を渡しても大丈夫」という部分型の意味を思い返すと、「関数を受け取る関数」を考えることで関数型の部分型を検討できます。たとえば、「「オブジェクト型を返す関数」を受け取る関数」についての部分型というものが考えられます。

頭の中で考えるだけではややこしいので、TypeScriptのプログラムで具体例を観察しながら考えていきましょう。ひとまずオブジェクト型の例として{ foo: number }

を固定し、それを返す関数の型としてコード7.2のような例を考えてみます。

コード7.2：「オブジェクト型を返す関数」の型

```
type F = () => { foo: number };
```

このFという関数型の値xを引数として受け取り、そのfooプロパティの値を返す関数fは、「オブジェクト型を返す関数」を受け取る関数です。

コード7.3：「オブジェクト型を返す関数」を受け取る関数の例

```
const f = (x: F) => x().foo;
```

この関数fには、型がFの関数として、たとえば次のような関数gを渡せます。

コード7.4：型Fの「オブジェクト型を返す関数」の例

```
1  const g = () => ({ foo: 1 });
2  f(g);
```

では、Fとは厳密には違う型の「オブジェクト型を返す関数」として、次のような関数hをfに渡しても問題ないでしょうか？

コード7.5：Fとは違う型の「オブジェクト型を返す関数」の例

```
const h = () => ({ foo: 1, bar: true });
```

hが返す値にもfooプロパティがあるので、存在しないプロパティを読み出してしまうような問題は起きません。コード7.1と同じように考えてみてください。

ここまでの話をまとめると、「関数型`() => { foo: number }`を受け取る関数には、関数型`() => { foo: number; bar: boolean }`の値を渡しても大丈夫」ということです。

念のため、逆の例も考えましょう。つまり、関数型`() => { foo: number; bar: boolean }`を受け取る関数に、関数型`() => { foo: number }`の値を渡すという場合です。まとめて書くとコード7.6のようなプログラムです。

コード7.6：だめな例

```
1  type F = () => { foo: number; bar: boolean };
2
3  const f = (x: F) => x().bar;
4  const g = () => ({ foo: 1 });
5
6  f(g);
```

この場合には「`f(g);`」で存在しないプロパティbarを読み取ろうとしてしまいます。このようなプログラムは型検査器でNGにすべきです。

以上の考察を一般化すると、関数型の返り値については以下のような部分型付けが許されると言えます。

- 型Aが型Bの部分型なら、型() => Aは型() => Bの部分型としてよい

はじめは難しく感じたかもしれませんが、結論としてはわりと素直ですね。

7.2.3 関数型（引数）の部分型付け

ここまでの説明では「オブジェクト型を返す関数」、つまり関数型の返り値についての部分型付けについて検討しました。今度は「オブジェクト型を受け取る関数」、つまり引数についての部分型付けを検討します。

やはり最初はややこしいので、TypeScriptのプログラムを具体例にして考えていきましょう。「オブジェクトを受け取る関数」の例として、コード7.7のような型の関数を考えます。

コード7.7：「オブジェクト型を受け取る関数」の型

```
type F = ({ foo: number }) => number;
```

今、この型を持つ関数xを引数として取り、それを「{ foo: 1, bar: true }」というオブジェクトに適用する次のような関数fを考えます。

コード7.8：「オブジェクト型を受け取る関数」を受け取る関数の例

```
const f = (x: F) => x({ foo: 1, bar: true });
```

実際に型Fの関数をfに渡したときにどうなるかを考えてみましょう。たとえば次のような関数gを考えます。

コード7.9：型Fの「オブジェクト型を受け取る関数」の例

```
const g = (x: { foo: number }) => x.foo;
```

「f(g)」を実行すると、「g({ foo: 1, bar: true })」を計算することになります。関数gで要求されている引数の型は{ foo: number }なので、やはり型が合いません。しかし、引数のオブジェクトにプロパティにfooがある限り、これを実行しても何も問題は起きないでしょう。つまりgをfに渡しても問題ありません。言い換えると、(obj: { foo: number }) => numberという型の関数（上記の例ではg）を、(obj: { foo: number; bar: boolean }) => numberを受け取る関数（上記の例ではf）に渡してもよいということです。

やはり逆の例も確認しましょう。

コード7.10：だめな例

```
type F = ({ foo: number; bar: boolean }) => number;

const f = (x: F) => x({ foo: 1 });
const g = (x: { foo: number; bar: boolean }) => x.bar;

f(g);
```

コード7.10の「f(g)」では、gの定義により、存在しないプロパティbarの読み取りが発生します。したがって、このようなプログラムは型検査器でNGとすべきです。つまり、(obj: { foo: number; bar: boolean }) => numberという型の関数（g）を、(obj: { foo: number }) => numberを受け取る関数（f）に渡せてはいけません。

以上の考察を一般化すると、関数型の引数に関しては、下記のような部分型付けが許されると言えます。

- 型Aが型Bの部分型なら、型(x: B) => Cは型(x: A) => Cの部分型としてよい

返り値についての部分型付けが比較的素直な関係だったのに比べると、関数型の引数ではAとBの位置が入れ替わっていることに注目してください。この関係は「反変」（contravariant）と呼ばれています。一方、返り値についての部分型付けのような素直な関係は「共変」（covariant）と呼ばれます。

7.2.4 オブジェクト型のプロパティの値の部分型付け

オブジェクト型の部分型付けは、プロパティの値についても考えられます。結論から言うと、次のような共変の部分型付けを認めても問題ありません。

- 型Aが型Bの部分型なら、型{ foo: A }は型{ foo: B }の部分型としてよい

実際、引数として型{ foo: { bar: number } }を期待する関数に「{ foo: { bar: 1, baz: true } }」のようなオブジェクトを渡しても、特に問題はなさそうですよね。プログラム例を作って確認するのは演習問題とします。

7.3 型検査器の実装

部分型付けを型検査器に実装するには、「ある型がある型の部分型であるかどうか」を判定する関数が必要です。そのような関数subtypeの実装から始めましょう。実装は、第5章で作ったobj.tsをベースとして、sub.tsという名前で進めていきます。

7.3.1 subtypeの実装

前章までの実装では「2つの型が等価であるかどうか」を判定するtypeEqという関数を使ってきました。「2つの型が部分型であるかどうか」を判定するsubtypeは、このtypeEqとかなり似た動作が求められます。つまり、「subtype(ty1, ty2)が真を返したならty1はty2の部分型、偽を返したならty1はty2の部分型ではない」という動作をする関数を書く必要があります。

実装の大枠は、2つの引数のうちty2のtagを見てswitch文で分岐し、ty1のtagが同じでなければfalseを返す、というものにすればいいでしょう。

コード7.11： subtype関数

```
1  function subtype(ty1: Type, ty2: Type): boolean {
2    switch (ty2.tag) {
3      case "Boolean":
4        …（これから実装）…
5      case "Number":
6        …（これから実装）…
7      case "Func": {
8        if (ty1.tag !== "Func") return false;
9        …（これから実装）…
10     }
11     case "Object": {
12       if (ty1.tag !== "Object") return false;
13       …（これから実装）…
14     }
15   }
16 }
```

boolean型とnumber型については、「他の型を部分型にはしない」と決めたので、完全に同じ型であるときに限り真を返せばいいでしょう[†1]。

†1 完全に同じ型は、部分型です。型Bは型Aの部分型の意味は、「型Aを受け取る関数に型Bの値を渡しても大丈夫」でした。「型Aを受け取る関数に型Aの値を渡しても大丈夫」なのは明らかなので、型Aは型Aの部分型です。

コード7.12： subtype関数（boolean型とnumber型）

```
function subtype(ty1: Type, ty2: Type): boolean {
  switch (ty2.tag) {
    case "Boolean":
      return ty1.tag === "Boolean";
    case "Number":
      return ty1.tag === "Number";
    …（これから実装）…
  }
}
```

関数型とオブジェクト型については、オブジェクト型の処理のほうが簡単なので、そちらから考えます。

■ オブジェクト型についての部分型の判定

オブジェクト型ty1とオブジェクト型ty2が部分型であるとは、ty2のすべてのプロパティをty1が持っていることです。したがって、ty2のプロパティと同じ名前のものがすべてty1にもあるかを調べます。なければty1をty2の部分型とするわけにはいきません。

さらに、同じ名前のプロパティがあっても、値の型が異なる可能性があります。これは、実際には同じ型である必要はなく、それぞれのプロパティの型に共変の部分型付けがあれば十分です。したがってsubtype関数で再帰的に調べればいいでしょう。

以上の考察をコードにするとコード7.13のような実装になります。typeEq関数のObjectのケースと比べると、プロパティの数を比較していない以外、そっくりであることがわかるはずです。

コード7.13： subtypeの実装（オブジェクト型）

```
function subtype(ty1: Type, ty2: Type): boolean {
  switch (ty2.tag) {
    …（省略）…
    case "Object": {
      if (ty1.tag !== "Object") return false;
      // プロパティの数を比較する必要はない
      //if (ty1.props.length !== ty2.props.length) return false;
      for (const prop2 of ty2.props) {
        const prop1 = ty1.props.find((prop1) => prop1.name === prop2.name);
        if (!prop1) return false;
        if (!subtype(prop1.type, prop2.type)) return false;
      }
      return true;
    }
  }
}
```

■ 関数型についての部分型の判定

関数型ty1と関数型ty2が部分型であるかを調べるには、「引数に関して部分型になっているか」および「返り値に対して部分型になっているか」をそれぞれ調べる必要があります。

返り値については、先ほど観察した通り共変です。ty1.retTypeとty2.retTypeにsubtypeを適用してみて、部分型になっていなければ、全体としても部分型ではないとします。

コード7.14：返り値についての部分型の判定

```
if (!subtype(ty1.retType, ty2.retType)) return false;
```

引数については反変です。つまり、ty1がty2の部分型であるからには、ty2の仮引数がty1の仮引数の部分型である必要があります。ty2.params[i].typeとparam1.typeの引数の順番によく注意してください。

コード7.15：引数についての部分型の判定

```
for (let i = 0; i < ty1.params.length; i++) {
  if (!subtype(ty2.params[i].type, ty1.params[i].type)) return false; // 反変
}
```

前節で考察したのは上記の2点ですが、我々の型検査器は仮引数と実引数の数が一致することを求めているので、その確認も必要です[†2]。

コード7.16：引数の数が同じかどうかの確認

```
if (ty1.params.length !== ty2.params.length) return false;
```

以上をまとめると、関数型について部分型を判定する実装はコード7.17のように書けます。

[†2] TypeScriptとJavaScriptでは、関数に余分な引数を付け足して呼び出すことが許されています。この条件下では、仮引数が多い関数型を、仮引数が少ない関数型の部分型としても問題ないはずです。実際、TypeScriptでは型(a: number, b: number) => numberは型(a: number) => numberの部分型のようです。

コード 7.17： subtype の実装（オブジェクト型）

```
function subtype(ty1: Type, ty2: Type): boolean {
  switch (ty2.tag) {
    …（省略）…
    case "Func": {
      if (ty1.tag !== "Func") return false;
      if (ty1.params.length !== ty2.params.length) return false;
      for (let i = 0; i < ty1.params.length; i++) {
        if (!subtype(ty2.params[i].type, ty1.params[i].type)) {
          return false; // 反変
        }
      }
      if (!subtype(ty1.retType, ty2.retType)) return false;
      return true;
    }
  …（省略）…
  }
}
```

7.3.2 typecheck 関数の改造

仕上げとして、typecheck 関数の実装を部分型付けに対応させましょう。

しかしその前に、1つ言わなければならないことがあります。条件演算子の構文を対象言語から削除するものとします。というのも、部分型付けがあると、条件演算子の分岐の型を決める方法が何かしら必要になるのです。

たとえば次のようなプログラムを考えてみてください。

コード 7.18： 条件演算子を使ったプログラムの例

```
true ? { a: 1, b: 2 } : { a: 1, c: 3 }
```

この項の型は何にするとよいでしょうか？ 両方の分岐に共通するプロパティは a だけなので、型 { a: number } とするのがよさそうです。したがって、部分型付けに対応した条件分岐を実装するためには、「型 { a: number; b: number } と型 { a: number; c: number } を受け取って、型 { a: number } を返す」ような演算が必要になります。そのような演算は「型の結び」（join）と呼ばれます。一方、「型 { a: number; b: number } と型 { a: number; c: number } を受け取って、型 { a: number; b: number; c: number } を返す」という演算もあり、こちらは「型の交わり」（meet）と呼ばれます。

これらの演算は、それ自体は特に難しい概念ではないのですが、実装するとかなり冗長になるので、本書の目的（型システムの雰囲気を知ってもらう）を優先して割愛します[†3]。

では、この制限を受け入れたうえで、subtype関数を使ってtypecheck関数の実装を部分型付けに対応したものに拡張しましょう。と言いたいところですが、なんと実はほとんど完成しています。関数呼び出しで実引数の型が仮引数の型と一致することを確かめる代わりに、部分型であることを確かめるようにするだけです。

部分型を組み込んだtypecheckをコード7.19に掲載します。前章までの実装との違いは、"call"で引数の一致を確認するためにtypeEqを呼び出していた箇所をsubtypeに置き換えた37行めだけです（条件分岐が省かれていることは除く）。

コード7.19：部分型付けを組み込んだtypecheck関数

```
function typecheck(t: Term, tyEnv: TypeEnv): Type {
  switch (t.tag) {
    case "true":
      return { tag: "Boolean" };
    case "false":
      return { tag: "Boolean" };
    // "if" は削除
    case "number":
      return { tag: "Number" };
    case "add": {
      const leftTy = typecheck(t.left, tyEnv);
      if (leftTy.tag !== "Number") error("number expected", t.left);
      const rightTy = typecheck(t.right, tyEnv);
      if (rightTy.tag !== "Number") error("number expected", t.right);
      return { tag: "Number" };
    }
    case "var": {
      if (tyEnv[t.name] === undefined) error(`unknown variable: ${t.name}`, t);
      return tyEnv[t.name];
    }
    case "func": {
      const newTyEnv = { ...tyEnv };
      for (const { name, type } of t.params) {
        newTyEnv[name] = type;
      }
      const retType = typecheck(t.body, newTyEnv);
      return { tag: "Func", params: t.params, retType };
    }
    case "call": {
      const funcTy = typecheck(t.func, tyEnv);
      if (funcTy.tag !== "Func") error("function type expected", t.func);
      if (funcTy.params.length !== t.args.length) {
        error("wrong number of arguments", t);
      }
      for (let i = 0; i < t.args.length; i++) {
        const argTy = typecheck(t.args[i], tyEnv);
```

[†3] 実際のところ、TAPLでも演習問題として扱われており、本文では本書と同じく「条件分岐なし」の不完全な実装のみが提示されています。

```
        if (!subtype(argTy, funcTy.params[i].type)) {
          error("parameter type mismatch", t.args[i]);
        }
      }
      return funcTy.retType;
    }
    case "seq":
      typecheck(t.body, tyEnv);
      return typecheck(t.rest, tyEnv);
    case "const": {
      const ty = typecheck(t.init, tyEnv);
      const newTyEnv = { ...tyEnv, [t.name]: ty };
      return typecheck(t.rest, newTyEnv);
    }
    case "objectNew": {
      const props = t.props.map(
        ({ name, term }) => ({ name, type: typecheck(term, tyEnv) }),
      );
      return { tag: "Object", props };
    }
    case "objectGet": {
      const objectTy = typecheck(t.obj, tyEnv);
      if (objectTy.tag !== "Object") error("object type expected", t.obj);
      const prop = objectTy.props.find((prop) => prop.name === t.propName);
      if (!prop) error(`unknown property name: ${t.propName}`, t);
      return prop.type;
    }
  }
}
```

おどろくかもしれませんが、本当にこれで終わりです。

7.4 型検査器を動かしてみる

部分型付けに対応した型検査器の実装は、sub.tsという名前とします。sub.tsにより本章の冒頭のプログラムを型検査してみましょう。いつものように、ファイルの末尾に対象言語のプログラムを書き足してください（sub.tsのプログラムのパースには、tiny-ts-parserのparseSub関数を使ってください）。

コード7.20： 部分型を渡す関数呼び出しを型検査する例

```
…（sub.tsの実装）…

console.log(typecheck(parseSub(`
  const f = (x: { foo: number }) => x.foo;
  const x = { foo: 1, bar: true };
  f(x);
`), {}));
```

実行してみましょう。

```
$ deno -A sub.ts ↵
{ tag: "Number" }
```

obj.tsでは型エラーになったプログラムでしたが、sub.tsでは型エラーになりません。期待通りですね。

部分型ではない型を渡してしまうような、まずいプログラムも型検査してみます。

コード 7.21： 部分型になっていない型を渡す関数呼び出しを型検査する例

```
1  …（sub.ts の実装）…
2
3  console.log(typecheck(parseSub(`
4    type F = () => { foo: number; bar: boolean };
5
6    const f = (x: F) => x().bar;
7    const g = () => ({ foo: 1 });
8
9    f(g);
10 `), {}));
```

こちらは期待通りエラーになることがわかります。

```
$ deno -A sub.ts ↵
error: Uncaught (in promise) Error: test.ts:7:5-7:6 parameter type mismatch
…（省略）…
```

7.5 まとめ

本章では部分型付けを実装してみました。条件分岐に対応していない不完全な形ではありますが、共変や反変の実装で本当に向きが入れ替わるのを見て納得してもらえたのではないかと思います。

NOTE

本章の内容は、TAPLでは第15章「部分型付け」と第16章「部分型付けのメタ理論」の一部に対応します。

演習問題

オブジェクト型のプロパティの値が共変になることを、7.2節で関数型の引数や返り値に対してやったように、プログラム例を作って確認してください。

（解答は164ページ）

第8章

再帰型

再帰型とは、「自分自身を子どもに持つ型」のことです。TypeScriptでは次のようなtype宣言で表現できます。

コード8.1：TypeScriptにおける再帰型のプログラムの例

```
type A = { foo: A };
```

TypeScriptのtype宣言は「型エイリアス」と呼ばれる機能であり、本来は型に「別名」を与える機能です。たとえばtype MyNumber = numberと宣言することで、numberの代わりにMyNumberと書けます。

しかし上記の型エイリアスAは、その定義の中にA自身への参照を含んでいるので、単純に型の別名を定義しているとは言えません。このような再帰的な型の定義を扱うために必要になるのが「再帰型」と呼ばれる仕組みです。

本章では、オブジェクト型と再帰関数を加えた対象言語に再帰型を導入していきます。

NOTE

前章で（不完全な形で）導入した部分型付けは、本章の対象言語には導入しません。型システムに部分型付けと再帰型の両方を持たせることはだいぶ複雑で、本書の範囲を越えます。興味のある人はTAPLの第21章「再帰型のメタ理論」に挑戦してください。

8.1 再帰型が必要になる状況

再帰型は、用語としては第6章で実装した再帰関数に似ていますが、両者に直接の関係はありません。再帰型が必要になる動機は、ずばり再帰的なデータ構造を扱いたいケースです。

実は、本書ではすでに（実装言語であるTypeScriptで）再帰型の仕組みを活用しています。型検査器の実装で書いてきた型Typeや型Termは、まさに再帰型の事例です。

ちょっと人工的ですが、より単純な再帰型の使用例として、「無限リスト」があります。次のようなプログラムを考えてみましょう。

コード8.2：無限リストが得られる関数

```
type NumStream = { num: number; rest: () => NumStream };

function numbers(num: number): NumStream {
  return { num, rest: () => numbers(n + 1) };
}
```

NumStream型は、numとrestの2つのプロパティを持つオブジェクトです。プロパティnumの値は数値、プロパティrestの値は関数で、この関数は「呼び出すとNumStream型の値が得られる」というものになっています。

さらに、NumStream型の値を作るnumbersという関数を定義しています。numbersで作ったNumStream型の値は、引数として渡されたnumber型の値をnumプロパティに、それよりも1大きい値でnumbersを呼び出す関数をrestプロパティに持ちます。numbersを呼び出した結果は、「結果のrestを呼び出すと結果のnumの値が1大きくなる」という動作のNumStreamになります。

コード8.3：コード8.2の関数を使う例

```
const ns1 = numbers(1);
console.log(ns1.num); //=> 1

const ns2 = ns1.rest();
console.log(ns2.num); //=> 2

const ns3 = ns2.rest();
console.log(ns3.num); //=> 3
```

以降では、このプログラムを正しく型検査できることを目指します。

8.2 再帰型の形式的な表記

先のプログラムにおけるNumStream型は、その中でNumStream自身を参照しています。型検査器を実装するには、このように「無限循環」する型を、自己完結した扱いやすいデータ構造として表現したいところです。

そのための準備として、μX.Tという形式的な表記を使います。型μX.Tは、「型Tの中に現れるXをすべて型μX.Tに置き換えた型」を表します。

μはギリシア文字で「ミュー」と読みます。急に見慣れない文字が出てきて怖く感じるかもしれませんが、「型Tの中に現れるXはここまで遡って読み替えてね」という情報を明示するための記号が何か必要で、そのために「μ」を頭に付けることにしただけです。ドット記号（.）も、単に表記のうえでTとXを区切るための記号でしかありません。

具体例で考えましょう。本章の冒頭（コード8.1）で例として挙げたtype A = { foo: A }で表される再帰型Aは、次のように書きます。

コード8.4：再帰型A

```
μX. { foo: X }
```

Xは「型変数」と呼ばれます。その名の通り、Xは変数のようなものと考えてもいいでしょう。つまり、「X = { foo: X }を満たす型」をμX. { foo: X }と書くことにした、というわけです。

本体である{ foo: X }の型変数Xの部分に、自分自身μX. { foo: X }を入れて「展開」すると、{ foo: (μX. { foo: X }) }という型になります。展開前のμX. { foo: X }と、展開後の{ foo: (μX. { foo: X }) }は、完全に等価な型を表します。

さて、このような形式的な表記を導入すると何がうれしいのでしょうか。μX. { foo: X }は無限循環する型でしたが、表記としては有限です。したがって「自己完結した扱いやすいデータ構造」で表現できます。ただし、展開前の型μX. { foo: X }と展開後の型{ foo: (μX. { foo: X }) }をそれぞれデータ構造で表現すると、異なるデータ構造になります。そこで、「型の等価判定関数であるtypeEq関数を改造して、これらを等価と判定するようにしよう」というのが、これから先の再帰型の実装のポイントです。データ構造の表現方法は、詳しくは、8.4節で説明します。

NOTE

再帰型をこのように表現して実装することは、TAPLの流儀にならったものです。これは型システムの研究分野ではよく見る方法ですが、唯一絶対の表現方法ではありません。実際、現実的な型検査器の実装では、このような表現方法ではなく、型エイリアスの展開を遅延させるような実装方法を採用することのほうが多いのではないかと思います（再帰型の実装の都合だけでなく、わかりやすい型エラーの表示のためにもそのほうが都合がよいので）。ただ、このアプローチでは型検査器で型エイリアスの定義を持ち回る必要があり、basic.tsから大きな改造が必要になるので、本書ではTAPLの流儀に合わせることにしました。

空腹関数

本文では、再帰型の本体がオブジェクト型という例だけが登場しますが、本体にはオブジェクト型以外を置くこともできます。たとえば、オブジェクト型の代わりに関数型を置いた次のような再帰型も考えられます。

コード8.5：関数型による再帰型

```
μT. (x: number) => T
```

この再帰型では、本体の関数の返り値に型Tが再帰的に出てきます。

上記の型を満たす関数には「空腹関数」という名前が付いています。TypeScriptでは次のように定義できます。

コード8.6：TypeScriptで書いた空腹関数

```
type Hungry = (x: number) => Hungry;

function hungry(x: number): Hungry {
  return hungry;
}
```

なぜこれが空腹関数と呼ばれるかというと、引数を何回与えても空腹関数自身を返すからです。実際、次のように連続して呼び出すことができます（型検査も通ります）。

コード8.7：空腹関数の呼び出し

```
hungry(0)(1)(2)(3)(4)(5);
```

特に実用性は思いつきませんが、なんとなく面白い挙動ですね。

8.3 再帰型を型検査でどう扱うか

再帰型であるNumStreamをμを使った形式的な表記で書き直すと次のようになります。

コード8.8：再帰型NumStream

```
μX. { num: number; rest: () => X }
```

したがって、この再帰型を返すnumbers関数は（μ表記をサポートする疑似的なTypeScriptで）次のように書けます。

コード8.9：コード8.8によるnumbers関数の形式的な書き換え

```
function numbers(num: number): (μX. { num: number; rest: () => X }) {
    return { num, rest: () => numbers(n + 1) };
}
```

この関数に対する型検査は、どのように考えればいいでしょうか。

手はじめに、返り値の再帰型μX. { num: number; rest: () => X }を展開してみましょう。すると、型{ num: number; rest: () => (μX. { num: number; rest: () => X }) }になります。展開前の型と展開後の型は同じ型なので、numbers関数の返り値の型を検査する際は、「number型のプロパティnumと、() => (μX. { num: number; rest: () => X })という型のプロパティrestを持つオブジェクト型」に合致することを確認します。

実際にnumbers関数の返り値を見てみると、「{ num, rest: () => numbers(n + 1) }」です。プロパティnumについての型検査はOKです。プロパティrestについても、「無引数の関数である」という点についての型検査はOKです。

あとは、プロパティrestの返り値である「numbers(n + 1)」について、その型がμX. { num: number; rest: () => X }であることを確認できればOKです。しかしこれは「numbers関数の返り値の型」として宣言されている再帰型そのものでした。ということで、このプログラムの型検査はOKとなります。

このように、再帰型に対する型検査は、出現している箇所での展開を丁寧に見ていくことになります。

8.4 項と型の定義

再帰型をどう扱えばいいかがわかったところで、我々の言語で再帰型に対応するための項と型を具体的に定めていきます。

実装言語であるTypeScriptで再帰型を表現するには、型エイリアスのtype宣言が必要でした。そこで我々の対象言語の構文にもtype宣言を導入することにします。

これまでの各章では、新しい構文を導入するたびに、それに対す構文木を考えてきました。したがって今回もtype宣言に対する構文木を考えるべきところですが、説明の都合[†1]から、type宣言はtiny-ts-parserのパーサ（parseRec）内で解決してしまうようにしました。つまり、パーサが返す構文木の中にはtype宣言に対応する要素が含まれません。type宣言で宣言された型名が仮引数などに書かれているときは、そこに再帰型そのものが書かれているかのような構文木を返します（具体例は「8.4.2 パースの例」で示します）。

type宣言の構文に対する処理をパーサparseRec側で吸収することにしたので、項Termの定義に追加はありません。本体がオブジェクト型の再帰型を扱うので、ベー

[†1] 実装上の難しさはないのですが、type宣言の構文木について詳しく説明するとかなり脇道になってしまうため。

スとしてはobj.tsの項定義を使います。ただし、再帰型のデータを作るために再帰関数を使いたいので、第6章で実装したrecfunc.tsの内容も使います。そのため本章の型検査器の実装は、まずobj.tsにrecfunc.tsの内容（具体的にはコード6.6とコード6.11）をマージし、それをベースとしてrec.tsという名前で進めてください。

8.4.1　型の定義

型Typeには再帰型μX.Tを追加する必要があります。再帰型本体だけでなく、Tの中に現れる型変数Xも型として扱う必要があります。再帰型μX.Tは"Rec"、そのTの中に変数として登場する型Xの参照は"TypeVar"という名前で定義しましょう。

コード8.10：再帰型に関する型の定義

```
type Type =
  …（省略）…
  | { tag: "Rec"; name: string; type: Type }
  | { tag: "TypeVar"; name: string };
```

再帰型"Rec"の定義では、nameにはXのような型変数の名前、typeには再帰型の本体Tの型が入ります。"TypeVar"の定義では、nameに型変数の名前が入ります。

たとえば再帰型μX. { foo: X }は次のような構造になります。

コード8.11：μX. { foo: X }のデータ構造

```
{
  tag: "Rec",
  name: "X",
  type: {
    tag: "Object",
    props: [
      {
        name: "foo",
        type: { tag: "TypeVar", name: "X" },
      },
    ],
  },
}
```

全体は"Rec"となっていて、そのnameは"X"、typeはオブジェクト型{ foo: X }に相当するデータになっています。オブジェクト型の中の型変数Xに相当する箇所には、{ tag: "TypeVar", name: "X" }という、変数として現れる型Xの参照が置かれています。ゆっくり眺めて、対応関係をしっかり把握してください。

8.4.2 パースの例

型検査器の実装に入る前に、type宣言を含むプログラムをパースする例を見ておきます。tiny-ts-parserでは、この構文に対応したパーサをparseRec関数として利用できます。

parseRec関数は、これまでのパーサと違って、ちょっとクセがあります。次のように振る舞うものと理解してください。

1. type宣言を持つふつうのTypeScriptのプログラムから、type宣言の代わりにμ表記を持つ疑似TypeScriptのプログラムに変換する
2. 疑似TypeScriptのプログラムをパースする

例として、次のプログラムを考えましょう。

コード 8.12：再帰型を含むプログラムの例

```
type X = { foo: X };

(arg: X) => 1;
```

parseRec関数はまず、type宣言を処理して再帰型を構築し、argの型として書かれている型エイリアスXを、その実体である再帰型に置き換えます。つまり、この上記のコードを次のような疑似TypeScriptのコードに変換します。

コード 8.13：コード 8.12 を変換した疑似TypeScriptのコード

```
(arg: (μX. { foo: X })) => 1;
```

そのうえでparseRec関数は、これに対応する構文木を返します。

実際に動かして確認しましょう。

コード 8.14：コード 8.12 をパースする

```
import { parseRec } from "npm:tiny-ts-parser";

console.log(parseRec(`
  type X = { foo: X };

  (arg: X) => 1;
`));
```

上記をexample.tsという名前で保存して実行すると、次のような構文木が得られます（見やすくするため、いつものようにlocは削除してあります）。

```
$ deno run -A example.ts ↵
{
  tag: "func",
  params: [
    {
      name: "arg",
      type: {
        tag: "Rec",
        name: "X",
        type: {
          tag: "Object",
          props: [ { name: "foo", type: { tag: "TypeVar", name: "X" } } ]
        }
      }
    }
  ],
  body: {
    tag: "number",
    n: 1,
  },
}
```

この構文木は図8.1のような形状をしています。無名関数の項である"func"がプログラム全体で、その仮引数argの型として次のデータ構造が含まれていることが読み取れるでしょう。

コード8.15：コード8.12の仮引数argの型を表すデータ構造

```
{
  tag: "Rec",
  name: "X",
  type: {
    tag: "Object",
    props: [ { name: "foo", type: { tag: "TypeVar", name: "X" } } ]
  }
}
```

このデータ構造は μX. { foo: X } という型に対するものだったので、確かに次のような疑似TypeScriptプログラムに対応していることがわかります。したがって元の対象言語のプログラムに対応しています。

コード8.16：コード8.15に対応する疑似TypeScriptのコード

```
(arg: (μX. { foo: X })) => 1;
```

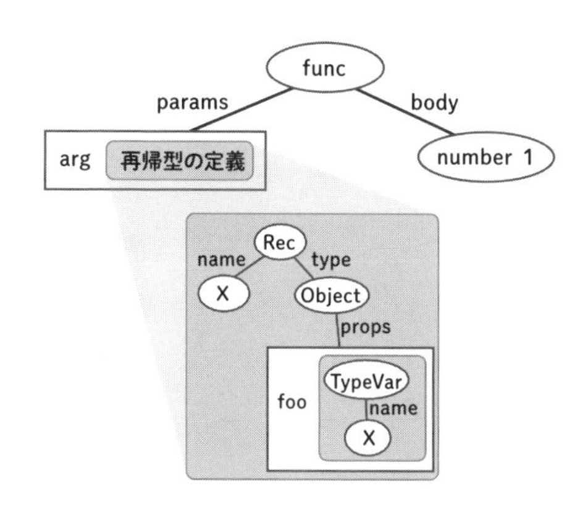

▶ 図 8.1 「type X = { foo: X }; (arg: X) => 1;」の構文木

8.5 型検査器の実装

型検査器に再帰型を実装するために必要なのは、型の等価判定関数 typeEq を改造することです。つまり、展開前の再帰型のデータ構造と、展開後の再帰型のデータ構造が等価であると判定するようにします。これを実現するには、未展開の再帰型と展開済みの再帰型を比較する際、前者の型を展開してから比較するのがポイントです。そしてこのために、再帰型を展開する補助関数が必要になってきます。

本節ではまず、再帰型を展開する補助関数を定義し、そのうえで typeEq 関数に必要な改造を施していきます。

8.5.1 再帰型の展開

まず、再帰型 μX.T を（一段）展開する、という補助関数を書きましょう。書きたいのは、「再帰型の本体 T の中に現れる型変数 X を、その再帰型 μX.T 自体で置き換える」という動作です。

この関数を expandType と名付けます。型の構造を再帰的に辿ることになるので、基本的な枠組みは typecheck 関数と同じようなものです。ただし引数は、置き換え対象の型 T、置き換えたい型変数 X の名前、そして型変数の代わりに置く再帰型自体 μX.T の 3 つが必要になります。それぞれを ty、tyVarName、repTy とすると、expandType 関数の全体像は下記のようになります。

コード 8.17： expandType 関数の全体像

```
function expandType(ty: Type, tyVarName: string, repTy: Type): Type {
  switch (ty.tag) {
    case "Boolean":
    case "Number":
      …（これから実装）…
    case "Func":
      …（これから実装）…
    case "Object":
      …（これから実装）…
    case "Rec":
      …（これから実装）…
    case "TypeVar":
      …（これから実装）…
  }
}
```

T が "Boolean" と "Number" の場合は、何もせずにそのまま自身を返すだけです。

"Func" については、その関数の引数 ty.params や返り値 ty.retType にある再帰型を展開すればいいので、expandType 関数を再帰的に適用するだけです。

"Object" についても同様で、プロパティ ty.props に対して expandType 関数を再帰的に適用するだけです。

これらを実装すると下記のようになります。

コード 8.18： Func と Object に対する実装

```
function expandType(ty: Type, tyVarName: string, repTy: Type): Type {
  switch (ty.tag) {
    case "Boolean":
    case "Number":
      return ty;
    case "Func": {
      const params = ty.params.map(
        ({ name, type }) => ({ name, type: expandType(type, tyVarName, repTy) }),
      );
      const retType = expandType(ty.retType, tyVarName, repTy);
      return { tag: "Func", params, retType };
    }
    case "Object": {
      const props = ty.props.map(
        ({ name, type }) => ({ name, type: expandType(type, tyVarName, repTy) }),
      );
      return { tag: "Object", props };
    }
    case "Rec": {
      …（これから実装）…
    }
    case "TypeVar": {
      …（これから実装）…
    }
  }
}
```

残るは"Rec"と"TypeVar"ですが、"TypeVar"は簡単です。置き換え対象の型tyの名前ty.nameが、置き換えたい型変数の名前tyVarNameであれば、再帰型自身repTyを返します。そうでなければ元の型tyをそのまま返します。

コード 8.19: TypeVarに対する実装

```
function expandType(ty: Type, tyVarName: string, repTy: Type): Type {
  switch (ty.tag) {
    …（省略）…
    case "TypeVar": {
      return ty.name === tyVarName ? repTy : ty;
    }
    …（省略）…
  }
}
```

最後は再帰型"Rec"の場合です。基本的にやりたいことは、「その中身ty.typeにexpandType関数を再帰的に適用する」です。ただし、その中身の名前ty.nameが、置き換え対象の型変数tyVarNameと同じであるときは、展開する必要がない[†2]のでそのまま自分自身tyを返すようにしておきましょう。

コード 8.20: Recに対する実装

```
function expandType(ty: Type, tyVarName: string, repTy: Type): Type {
  switch (ty.tag) {
    …（省略）…
    case "Rec": {
      if (ty.name === tyVarName) return ty;
      const newType = expandType(ty.type, tyVarName, repTy);
      return { tag: "Rec", name: ty.name, type: newType };
    }
    …（省略）…
  }
}
```

これでexpandType関数の定義は完成です。

これから、typecheck関数などが返す型をこのexpandType関数で展開し、その結果を再帰的に型検査する、という処理を書いていきます。しかしexpandType関数が引数として期待するのは再帰型だけなので、使うたびに「再帰型かどうか」を毎回確認しなければなりません。そこで、「引数の型が再帰型であればexpandType関数で展開して返し、それ以外の型ならそのまま返す」という補助関数simplifyTypeを定義しておきます。

[†2] 「9.2.4 型変数のスコープ」で説明する「型変数のshadowing」と同じ理由です。詳しくは次章を参照してください。

コード 8.21: simplifyType 関数の定義

```
function simplifyType(ty: Type): Type {
  switch (ty.tag) {
    case "Rec":
      return simplifyType(expandType(ty.type, ty.name, ty));
    default:
      return ty;
  }
}
```

以降では expandType 関数を直接使うことはなく、基本的にこの simplifyType を使います。

8.5.2 型変数の読み替えを行う型の等価判定

再帰型を比較するには、2つのポイントがあります。

- 型変数の読み替えを行いながら比較を行うこと。たとえば、再帰型 μX. { foo: X } と再帰型 μY. { foo: Y } は、使われている型変数名が異なりますが、明らかに同じ再帰型を表現しています。typeEq 関数は、これらを等価と判定する必要があります。
- 展開前の再帰型と展開後の再帰型を等価と判定すること。typeEq 関数は、μX. { foo: X } と { foo: (μX. { foo: X }) } に対して真を返す必要があります。

両方に一度に取り組むのは大変なので、まずは前者にフォーカスします。typeEq 関数を typeEqNaive とリネームし、型変数の読み替えだけを行うようにしていきます。

型変数の名前が差し替わっていても型としては同じであると判定するためには、比較する2つの型の中にある型変数の名前の対応関係を気にしながら比較する必要があります。たとえば型 μA. { foo: A } と型 μB. { foo: B } では、前者に出てくる型変数 A と後者に出てくる型変数 B とが対応しているので、その対応関係についての情報が両者を比較するときには必要になる、ということです。ここでは { "A": "B" } のようなデータ構造（つまり TypeScript の Record<string, string> 型のデータ）で対応関係を表現することにしましょう。

この対応関係を保持するように typeEqNaive 関数を拡張します。そのために map という引数を追加して、これを再帰にあたって持ち回るようにしましょう。

コード 8.22： typeEqNaive 関数の全体像

```
function typeEqNaive(ty1: Type, ty2: Type, map: Record<string, string>): boolean {
  switch (ty2.tag) {
    case "Boolean":
    case "Number":
      return ty1.tag === ty2.tag;
    case "Func": {
      if (ty1.tag !== "Func") return false;
      for (let i = 0; i < ty1.params.length; i++) {
        if (!typeEqNaive(ty1.params[i].type, ty2.params[i].type, map)) {
          return false;
        }
      }
      if (!typeEqNaive(ty1.retType, ty2.retType, map)) return false;
      return true;
    }
    case "Object": {
      if (ty1.tag !== "Object") return false;
      if (ty1.props.length !== ty2.props.length) return false;
      for (const prop1 of ty1.props) {
        const prop2 = ty2.props.find((prop2) => prop1.name === prop2.name);
        if (!prop2) return false;
        if (!typeEqNaive(prop1.type, prop2.type, map)) return false;
      }
      return true;
    }
    case "Rec": {
      …（これから実装）…
    }
    case "TypeVar": {
      …（これから実装）…
    }
  }
}
```

"Rec"と"TypeVar"の場合の実装を考えましょう。"TypeVar"のほうは比較的簡単で、「tagプロパティの値がいずれも"TypeVar"であること」と、「型変数の名前が一致すること（nameプロパティの値が等しいこと）」を確認するだけです。

ただし、ここでmap引数を導入した理由を思い出してください。map引数には、「ty1の中の型変数の名前」に対応する「ty2の中の型変数の名前」が入っているのでした。ty1.nameとty2.nameを比較する際には、片方の型変数の名前をこの対応関係に従って読み替える必要があります。したがって、map[ty1.name]とty2.nameを比較するのがポイントです。

以上を踏まえると、"TypeVar"についての比較はコード8.23のように実装できます。

コード 8.23： TypeVar に対する等価判定

```
function typeEqNaive(ty1: Type, ty2: Type, map: Record<string, string>): boolean {
  switch (ty2.tag) {
    …（省略）…
    case "TypeVar": {
      if (ty1.tag !== "TypeVar") return false;
      if (map[ty1.name] === undefined) {
        throw new Error(`unknown type variable: ${ty1.name}`);
      }
      return map[ty1.name] === ty2.name;
    }
  }
}
```

最後に"Rec"のケースです。これもそれほど難しくなく、再帰型の本体に対してtypeEqNaiveを再帰的に適用する形になります。ただし再帰型の本体では、その再帰型の導入する型変数が含まれています。そのため、型変数の名前の対応関係mapに新しい型変数のペアを追加したうえで、再帰型本体を比較します。

コード 8.24： Rec に対する等価判定

```
function typeEqNaive(ty1: Type, ty2: Type, map: Record<string, string>): boolean {
  switch (ty2.tag) {
    …（省略）…
    case "Rec": {
      if (ty1.tag !== "Rec") return false;
      const newMap = { ...map, [ty1.name]: ty2.name };
      return typeEqNaive(ty1.type, ty2.type, newMap);
    }
    …（省略）…
  }
}
```

8.5.3　展開前後の再帰型を等価とみなす型の等価判定

typeEqNaiveで型変数の読み替えを行う比較が実装できたので、いよいよ再帰型の本丸である、展開前の再帰型と展開後の再帰型を「等価」と判定するところを実装します。すなわち、μX. { foo: X }と{ foo: (μX. { foo: X }) }が等価であると判定するようなtypeEq関数を実装します。ここが再帰型の導入の最大の肝です。

基本的な戦略は、従来のtypeEq関数と同じで、2つの型のデータ構造を再帰的に比較していくだけです。ただし、片方が再帰型であった場合は、simplifyTypeしてから比較します。コードとしては次のような感じになります。

コード 8.25： typeEq 関数の大まかな実装

```
function typeEq(ty1: Type, ty2: Type): boolean {
  if (ty1.tag === "Rec") return typeEq(simplifyType(ty1), ty2);
  if (ty2.tag === "Rec") return typeEq(ty1, simplifyType(ty2));

  switch (ty2.tag) {
    …（省略）… // これまでの typeEq と同じ
  }
}
```

これで済めば簡単なのですが、残念ながらこの実装では不完全です。というのも、このように実装したtypeEq関数は、再帰型を含むときに止まらなくなるからです。

次のような再帰型の定義を考えてみてください。

コード 8.26： 再帰型の定義の例

```
type X = { foo: X };
type Y = { foo: Y };
```

ここで、再帰型Xと再帰型Yの比較を考えます。これらは明らかに等価であるべきです。しかし先ほどのtypeEqは、これらの型の等価判定をすると止まらなくなってしまいます。実際、typeEqの再帰呼び出しを追っていくと、図8.2のように最初とまったく同じ比較に戻ってしまいます。

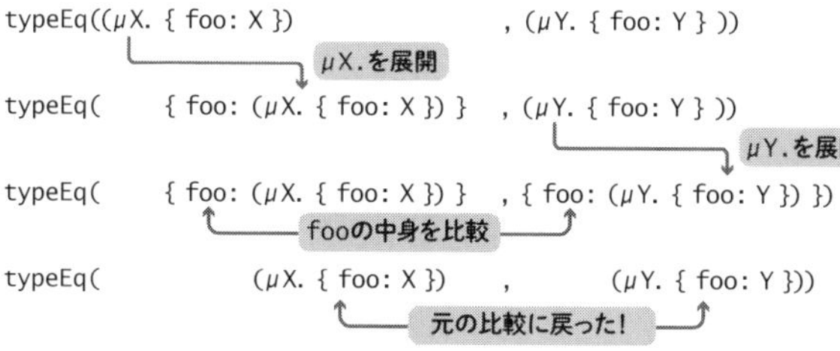

typeEq((μX. { foo: X }) , (μY. { foo: Y }))
μX.を展開
typeEq({ foo: (μX. { foo: X }) } , (μY. { foo: Y }))
μY.を展開
typeEq({ foo: (μX. { foo: X }) } , { foo: (μY. { foo: Y }) })
fooの中身を比較
typeEq((μX. { foo: X }) , (μY. { foo: Y }))
元の比較に戻った!

▶ 図8.2 typeEqによる等価判定は止まらない（その1）

これを回避するには、同じ比較をしそうになったら真を返して打ち切る、というショートカットが必要です。このショートカットには、先ほど定義したtypeEqNaive関数が使えます。

コード 8.27： typeEqNative を使って比較を打ち切る

```
function typeEq(ty1: Type, ty2: Type): boolean {
  if (typeEqNaive(ty1, ty2, {})) return true; // このショートカットを追加

  if (ty1.tag === "Rec") return typeEq(simplifyType(ty1), ty2);
  if (ty2.tag === "Rec") return typeEq(ty1, simplifyType(ty2));

  switch (ty2.tag) {
    …（省略）… // これまでの typeEq と同じ
  }
}
```

これでtypeEq関数はXとYの比較が停止するようになります。

しかしながら、このコードにもまだ穴があります。今度は、次のような相互再帰的な再帰型で無限再帰に陥ってしまいます。

コード 8.28： 相互再帰的な再帰型の例

```
type A = { a: { b: A } };
type B = { b: { a: B } };
```

型Aと型{ a: B }は、直観的には等価であることがわかると思いますが、ショートカットを追加したtypeEqでも、これらの型の等価判定をすると止まりません。先ほどと同じようにtypeEqの再帰呼び出しを図示すると、図8.3のように最初とまったく同じ比較に戻ってしまいます。

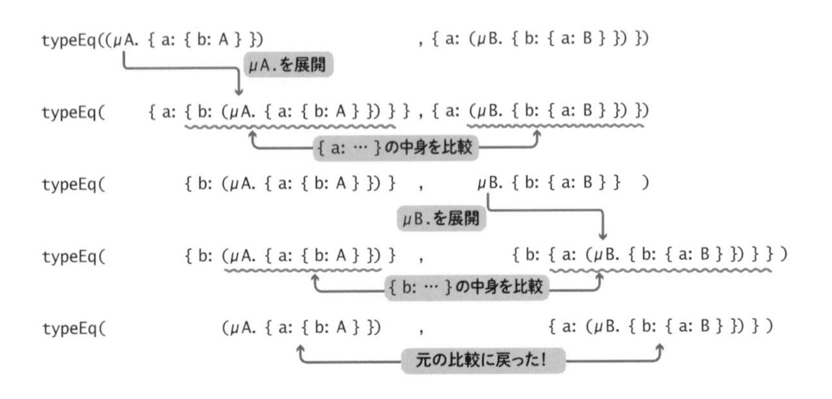

▶図8.3 typeEqによる等価判定は止まらない（その2）

このtypeEqの再帰呼び出しでは、型変数の読み替えだけで等価とみなせるペアが現れていないところがポイントです。このため、ショートカットができません。これを回避するには、すでに比較し始めている型のペアを覚えておき、同じ比較をしそう

になったら真を返して打ち切る、という処理が必要です。コードとして実装すると次のようなtypeEqSub関数になります。

コード 8.29：typeEqSub関数の実装

```
function typeEqSub(ty1: Type, ty2: Type, seen: [Type, Type][]): boolean {
  for (const [ty1_, ty2_] of seen) {
    if (typeEqNaive(ty1_, ty1, {}) && typeEqNaive(ty2_, ty2, {})) return true;
  }
  if (ty1.tag === "Rec") {
    return typeEqSub(simplifyType(ty1), ty2, [...seen, [ty1, ty2]]);
  }
  if (ty2.tag === "Rec") {
    return typeEqSub(ty1, simplifyType(ty2), [...seen, [ty1, ty2]]);
  }

  switch (ty2.tag) {
    …（省略）… // 他のケースはこれまでのtypeEqとほぼ同じ
    case "TypeVar":
      throw "unreachable";
  }
}

function typeEq(ty1: Type, ty2: Type): boolean {
  return typeEqSub(ty1, ty2, []);
}
```

上記では、これまでに比較し始めた型のペアを、seenという配列に保存しています。typeEqSub関数は、今から比較しようとする2つの型がすでにseenに入っていないことを最初に確認してから、以下のように振る舞います。

- もし入っていたら、無限再帰に陥ってしまわないようにreturn true;する
- どちらかの型が再帰型であったら、seenに型のペアを追加したうえで再帰する
- それ以外は、今までのtypeEq関数とほぼ同じ（seenを受け渡す以外）

8.5.4 typecheck関数の改造

いよいよtypecheckの実装です。とはいえ、typeEqの実装が肝と言った通り、typecheck関数自体の変更箇所はそれほどありません。再帰的にtypecheck関数を呼び出している箇所のいくつかに、simplifyType関数の呼び出しを追加していくだけです。

simplifyType関数の追加が必要なのは、typecheck関数の結果に対して.tagを見て検査をしている箇所になります。たとえば"call"の場合を見てみましょう。もともとの実装はこのようなものでした。

コード 8.30：もともとの typecheck 関数の実装

```
function typecheck(t: Term, tyEnv: TypeEnv): Type {
  switch (t.tag) {
    …（省略）…
    case "call": {
      const funcTy = typecheck(t.func, tyEnv);
      if (funcTy.tag !== "Func") error("function type expected", t.func);
      …（省略）…
```

しかし再帰型を導入したので、typecheck 関数の結果が再帰型 "Rec" になる場合があります。したがって、そのまま funcTy.tag !== "Func" を検査すると誤った判断をしてしまうことになります。これを回避するには、"Rec" を必ず展開すればよいので、次のように simplifyType 関数を追加すればいいというわけです。

コード 8.31：simplifyType を使った typecheck 関数の実装

```
function typecheck(t: Term, tyEnv: TypeEnv): Type {
  switch (t.tag) {
    …（省略）…
    case "call": {
      const funcTy = simplifyType(typecheck(t.func, tyEnv));
      if (funcTy.tag !== "Func") error("function type expected", t.func);
      …（省略）…
```

"call" 以外にも同様の箇所に simplifyType 関数を追加していけば完成です。再帰型に対応した型検査器のプログラム全体をコード 8.32 に掲載します。

コード 8.32：再帰型に対応した型検査器のプログラム（rec.ts）

```
import { error } from "npm:tiny-ts-parser";

type Type =
  | { tag: "Boolean" }
  | { tag: "Number" }
  | { tag: "Func"; params: Param[]; retType: Type }
  | { tag: "Object"; props: PropertyType[] }
  | { tag: "Rec"; name: string; type: Type }
  | { tag: "TypeVar"; name: string };

type Param = { name: string; type: Type };
type PropertyType = { name: string; type: Type };

type Term =
  | { tag: "true" }
  | { tag: "false" }
  | { tag: "if"; cond: Term; thn: Term; els: Term }
  | { tag: "number"; n: number }
  | { tag: "add"; left: Term; right: Term }
  | { tag: "var"; name: string }
  | { tag: "func"; params: Param[]; body: Term }
```

```
22    | { tag: "call"; func: Term; args: Term[] }
23    | { tag: "seq"; body: Term; rest: Term }
24    | { tag: "const"; name: string; init: Term; rest: Term }
25    | { tag: "objectNew"; props: PropertyTerm[] }
26    | { tag: "objectGet"; obj: Term; propName: string }
27    | {
28      tag: "recFunc";
29      funcName: string;
30      params: Param[];
31      retType: Type;
32      body: Term;
33      rest: Term;
34    };
35
36  type PropertyTerm = { name: string; term: Term };
37
38  type TypeEnv = Record<string, Type>;
39
40  function typeEqNaive(ty1: Type, ty2: Type, map: Record<string, string>): boolean {
41    switch (ty2.tag) {
42      case "Boolean":
43      case "Number":
44        return ty1.tag === ty2.tag;
45      case "Func": {
46        if (ty1.tag !== "Func") return false;
47        for (let i = 0; i < ty1.params.length; i++) {
48          if (!typeEqNaive(ty1.params[i].type, ty2.params[i].type, map)) {
49            return false;
50          }
51        }
52        if (!typeEqNaive(ty1.retType, ty2.retType, map)) return false;
53        return true;
54      }
55      case "Object": {
56        if (ty1.tag !== "Object") return false;
57        if (ty1.props.length !== ty2.props.length) return false;
58        for (const prop1 of ty1.props) {
59          const prop2 = ty2.props.find((prop2) => prop1.name === prop2.name);
60          if (!prop2) return false;
61          if (!typeEqNaive(prop1.type, prop2.type, map)) return false;
62        }
63        return true;
64      }
65      case "Rec": {
66        if (ty1.tag !== "Rec") return false;
67        const newMap = { ...map, [ty1.name]: ty2.name };
68        return typeEqNaive(ty1.type, ty2.type, newMap);
69      }
70      case "TypeVar": {
71        if (ty1.tag !== "TypeVar") return false;
72        if (map[ty1.name] === undefined) {
73          throw new Error(`unknown type variable: ${ty1.name}`);
74        }
75        return map[ty1.name] === ty2.name;
76      }
77    }
78  }
```

```
 79
 80  function expandType(ty: Type, tyVarName: string, repTy: Type): Type {
 81    switch (ty.tag) {
 82      case "Boolean":
 83      case "Number":
 84        return ty;
 85      case "Func": {
 86        const params = ty.params.map(
 87          ({ name, type }) => ({ name, type: expandType(type, tyVarName, repTy) }),
 88        );
 89        const retType = expandType(ty.retType, tyVarName, repTy);
 90        return { tag: "Func", params, retType };
 91      }
 92      case "Object": {
 93        const props = ty.props.map(
 94          ({ name, type }) => ({ name, type: expandType(type, tyVarName, repTy) }),
 95        );
 96        return { tag: "Object", props };
 97      }
 98      case "Rec": {
 99        if (ty.name === tyVarName) return ty;
100        const newType = expandType(ty.type, tyVarName, repTy);
101        return { tag: "Rec", name: ty.name, type: newType };
102      }
103      case "TypeVar": {
104        return ty.name === tyVarName ? repTy : ty;
105      }
106    }
107  }
108
109  function simplifyType(ty: Type): Type {
110    switch (ty.tag) {
111      case "Rec":
112        return simplifyType(expandType(ty.type, ty.name, ty));
113      default:
114        return ty;
115    }
116  }
117
118  function typeEqSub(ty1: Type, ty2: Type, seen: [Type, Type][]): boolean {
119    for (const [ty1_, ty2_] of seen) {
120      if (typeEqNaive(ty1_, ty1, {}) && typeEqNaive(ty2_, ty2, {})) return true;
121    }
122    if (ty1.tag === "Rec") {
123      return typeEqSub(simplifyType(ty1), ty2, [...seen, [ty1, ty2]]);
124    }
125    if (ty2.tag === "Rec") {
126      return typeEqSub(ty1, simplifyType(ty2), [...seen, [ty1, ty2]]);
127    }
128
129    switch (ty2.tag) {
130      case "Boolean":
131        return ty1.tag === "Boolean";
132      case "Number":
133        return ty1.tag === "Number";
134      case "Func": {
135        if (ty1.tag !== "Func") return false;
```

```
136        if (ty1.params.length !== ty2.params.length) return false;
137        for (let i = 0; i < ty1.params.length; i++) {
138          if (!typeEqSub(ty1.params[i].type, ty2.params[i].type, seen)) {
139            return false;
140          }
141        }
142        if (!typeEqSub(ty1.retType, ty2.retType, seen)) return false;
143        return true;
144      }
145      case "Object": {
146        if (ty1.tag !== "Object") return false;
147        if (ty1.props.length !== ty2.props.length) return false;
148        for (const prop2 of ty2.props) {
149          const prop1 = ty1.props.find((prop1) => prop1.name === prop2.name);
150          if (!prop1) return false;
151          if (!typeEqSub(prop1.type, prop2.type, seen)) return false;
152        }
153        return true;
154      }
155      case "TypeVar":
156        throw "unreachable";
157    }
158  }
159
160  function typeEq(ty1: Type, ty2: Type): boolean {
161    return typeEqSub(ty1, ty2, []);
162  }
163
164  export function typecheck(t: Term, tyEnv: TypeEnv): Type {
165    switch (t.tag) {
166      case "true":
167        return { tag: "Boolean" };
168      case "false":
169        return { tag: "Boolean" };
170      case "if": {
171        const condTy = simplifyType(typecheck(t.cond, tyEnv));
172        if (condTy.tag !== "Boolean") error("boolean expected", t.cond);
173        const thnTy = typecheck(t.thn, tyEnv);
174        const elsTy = typecheck(t.els, tyEnv);
175        if (!typeEq(thnTy, elsTy)) {
176          error("then and else have different types", t);
177        }
178        return thnTy;
179      }
180      case "number":
181        return { tag: "Number" };
182      case "add": {
183        const leftTy = simplifyType(typecheck(t.left, tyEnv));
184        if (leftTy.tag !== "Number") error("number expected", t.left);
185        const rightTy = simplifyType(typecheck(t.right, tyEnv));
186        if (rightTy.tag !== "Number") error("number expected", t.right);
187        return { tag: "Number" };
188      }
189      case "var": {
190        if (tyEnv[t.name] === undefined) error(`unknown variable: ${t.name}`, t);
191        return tyEnv[t.name];
192      }
```

```
193      case "func": {
194        const newTyEnv = { ...tyEnv };
195        for (const { name, type } of t.params) {
196          newTyEnv[name] = type;
197        }
198        const retType = typecheck(t.body, newTyEnv);
199        return { tag: "Func", params: t.params, retType };
200      }
201      case "call": {
202        const funcTy = simplifyType(typecheck(t.func, tyEnv));
203        if (funcTy.tag !== "Func") error("function type expected", t.func);
204        if (funcTy.params.length !== t.args.length) {
205          error("wrong number of arguments", t);
206        }
207        for (let i = 0; i < t.args.length; i++) {
208          const argTy = typecheck(t.args[i], tyEnv);
209          if (!typeEq(argTy, funcTy.params[i].type)) {
210            error("parameter type mismatch", t.args[i]);
211          }
212        }
213        return funcTy.retType;
214      }
215      case "seq":
216        typecheck(t.body, tyEnv);
217        return typecheck(t.rest, tyEnv);
218      case "const": {
219        const ty = typecheck(t.init, tyEnv);
220        const newTyEnv = { ...tyEnv, [t.name]: ty };
221        return typecheck(t.rest, newTyEnv);
222      }
223      case "objectNew": {
224        const props = t.props.map(
225          ({ name, term }) => ({ name, type: typecheck(term, tyEnv) }),
226        );
227        return { tag: "Object", props };
228      }
229      case "objectGet": {
230        const objectTy = simplifyType(typecheck(t.obj, tyEnv));
231        if (objectTy.tag !== "Object") error("object type expected", t.obj);
232        const prop = objectTy.props.find((prop) => prop.name === t.propName);
233        if (!prop) error(`unknown property name: ${t.propName}`, t);
234        return prop.type;
235      }
236      case "recFunc": {
237        const funcTy: Type = { tag: "Func", params: t.params, retType: t.retType };
238        const newTyEnv = { ...tyEnv };
239        for (const { name, type } of t.params) {
240          newTyEnv[name] = type;
241        }
242        newTyEnv[t.funcName] = funcTy;
243        const retTy = typecheck(t.body, newTyEnv);
244        if (!typeEq(t.retType, retTy)) error("wrong return type", t);
245        const newTyEnv2 = { ...tyEnv, [t.funcName]: funcTy };
246        return typecheck(t.rest, newTyEnv2);
247      }
248    }
249  }
```

8.5.5 型検査器を動かしてみる

本章の目標は、rec.tsにより8.1節のNumStream型を型検査できるようにすることでした。rec.tsの末尾に対象言語のプログラムを追記して試してみましょう。

コード 8.33： NumStream型を型検査する

```
1  …（rec.tsの実装）…
2  console.dir(typecheck(parseRec(`
3    type NumStream = { num: number; rest: () => NumStream };
4
5    function numbers(n: number): NumStream {
6        return { num: n, rest: () => numbers(n + 1) };
7    }
8
9    const ns1 = numbers(1);
10   const ns2 = (ns1.rest)();
11   const ns3 = (ns2.rest)();
12   ns3
13 `), {}), { depth: null });
```

実行すると、ns3の型が出力されます。

```
$ deno run -A rec.ts ↵
{
  tag: "Rec",
  name: "NumStream",
  type: {
    tag: "Object",
    props: [
      { name: "num", type: { tag: "Number" } },
      {
        name: "rest",
        type: {
          tag: "Func",
          params: [],
          retType: { tag: "TypeVar", name: "NumStream" }
        }
      }
    ]
  }
}
```

読みやすく書き直すと次のような型になっています。

コード 8.34： 出力されたns3の型

```
μNumStream. { num: number; rest: () => NumStream }
```

うまく動いたようですね。型エラーになるべき例など、さまざまなプログラムを自分で試して遊んでみてください。

8.6 まとめ

本章では、再帰的な型エイリアスの定義に必要な再帰型を型検査器に実装しました。再帰的な型エイリアスは多くの人が何気なく使っている機能でしょう。しかしその裏側は、意外と複雑であることがわかります。

NOTE

本章の内容は、TAPLでは第20章「再帰型」に対応します。ただしTAPLでは、再帰型が「同型再帰」と「同値再帰」の2種類で説明されています。

大雑把に言うと、同型再帰は再帰型を展開すべき箇所をユーザに明示することを要求する方式、同値再帰は要求しない方式です。同型再帰のほうがユーザに注釈を要求する分、型検査器の実装は簡単になります（具体的には、`seen`でやったような循環検出が不要になります）。同値再帰はその逆で、ユーザへの要求が少ない代わりに、型検査器の実装は複雑になります。

本書ではそれらのうち、より直観的でTypeScriptでも採用されている同値再帰のほうを実装しました。なお、同値再帰は他の発展的な言語機能と相性がよくないことが知られていることから、多くのML系の言語は同型再帰を採用しています。

演習問題

本章で実装した再帰型だけでは、`NumStream`型のような「循環」しているデータ構造しか表現できません。リストや木構造などの再帰的で有限のデータ構造は、再帰型をunion型やオプション型などと組み合わせることで実現できます。

第5章の演習問題にあるタグ付きunion型を実装すると、再帰型と組み合わせて、リストや木構造が実現できます。そのようなサンプルコードを書いたうえで、型検査器を実装してそのサンプルコードを型検査してみてください。

`tiny-ts-parser`には、タグ付きunion型と再帰型の両方に対するパーサとして`parseRec2`が用意されています。

（解答は165ページ）

第9章

ジェネリクス

ジェネリクスとは、型を特定せずに抽象化して扱う仕組みです。型をまとめて名付けるという意味で、「総称型」と呼ばれることもあります。

ジェネリクスの動機は、コードの再利用にあります。異なる型に対して同じ処理をしたいとき、これまで説明してきた型システムは厳しすぎて、コードの再利用ができず、冗長なプログラムを書かなければならないことがあります。

少し人工的な例ですが、引数を3つ取り、第1引数に応じて第2引数か第3引数を選択して返す関数を書きたいとしましょう。第1引数の型は`boolean`ですが、第2引数と第3引数ではさまざまな型の値を指定したいとします（両者が同じ型である限り）。

これまで本書で実装してきた型検査器の型システムでは、そうした多様な型の引数を取り得る関数を定義できません。第2引数と第3引数で指定したい型ごとに、別々の関数として定義する必要があります。第2引数と第3引数で`number`型もしくは`boolean`型の値を指定したいなら、下記のように、それぞれ専用の関数を定義することになります。

コード9.1：第1引数の真偽で第2引数か第3引数を返す関数

```
1  const selectNumber = (cond: boolean, a: number, b: number) => (cond ? a : b);
2  const selectBoolean = (cond: boolean, a: boolean, b: boolean) => (cond ? a : b);
3
4  selectNumber(true, 1, 2);          //=> 1
5  selectBoolean(true, false, true); //=> false
```

関数`selectNumber`と関数`selectBoolean`は、型を除くと完全に同じです。しかも、同様の関数が他の型でも欲しくなったら、さらに定義を増やすしかありません。これは明らかに避けたい状況です。

本章では、このような関数をまとめて定義できる機能として、対象言語の型検査器にジェネリクスを実装していきます。これまでの拡張よりもかなり難しいので、がんばって読んでください。

9.1 ジェネリクスとは

まずは実装言語であるTypeScriptのジェネリクスについて簡単に見てみましょう。TypeScriptには、コード9.2のように書くことで、コード9.1の関数`selectNumber`と`selectBoolean`をまとめた単一の関数`select`を定義できる機能があります。この構文をジェネリクスとして知っているTypeScriptプログラマーも多いでしょう。

コード9.2: TypeScriptのジェネリクスを使って定義したselect関数

```
function select<T>(cond: boolean, a: T, b: T) {
  return cond ? a : b;
}
```

コード9.2は無名関数を使ってコード9.3のように書くことも可能です。こちらのほうが無名関数の構文しかない対象言語との差分が小さく、TAPLの流儀にも近いので、以降ではコード9.3の書き方でジェネリクスの説明を進めます。

コード9.3: 無名関数でもジェネリクスを使ったselect関数を定義できる

```
const select = <T>(cond: boolean, a: T, b: T) => (cond ? a : b);
```

コード9.3では、コード9.1において`number`型や`boolean`型などの具体的な型が書いてあった箇所に、`T`という抽象的な型が置かれています。関数定義の先頭にある`<T>`という印は、そのような抽象的な型を使った構文であることを示しています。この`T`のように「具体的な型で置き換えるべき位置」に書かれたダミーの型のことを、「型変数」と言います[†1]。

コード9.3のように定義された関数`select`は、型変数`T`で抽象化された`<T>(cond: boolean, a: T, b: T) => T`という型を持ちます。このような抽象化をTAPLでは「型抽象」と呼んでいます。

型抽象された関数を呼ぶときは、まず型変数を具体化する必要があります。TypeScriptではコード9.4における`select<number>`のような構文で型変数を具体化しま

†1 型変数は再帰型でも扱いました。再帰型における型変数は、再帰型自身で置き換えるべき位置を示すものでした。一方、ジェネリクスにおける型変数は、後述する型適用によってユーザが明示した型で置き換えられます。

す。このような型変数の具体化のことをTAPLでは「型適用」と呼んでいます。

コード9.4：TypeScriptにおける型適用の構文

```
const selectNumber = select<number>;
```

NOTE

型抽象と型適用は、TAPLでは形式的な機構としてそれぞれ導入されていますが、TypeScriptで両者に対応する構文がそのような名前で区別されているわけではないようです。対象言語における両者の構文の定義は9.4節で改めて説明します。

select<number>により、selectの定義から先頭の<T>が外され、定義中にあるTをすべてnumberに置き換えた値が返されます。その結果は「(cond: boolean, a: number, b: number) => (cond ? a : b)」というふつうの関数です。このふつうの関数は、具体的な型を持っているので、実際に数値を渡して呼ぶことができます。

もちろん、number型で具体化した箇所に真偽値を渡して呼べば型エラーになります。

コード9.5：型エラーになるselectNumberの呼び出し

```
selectNumber(true, 1, 2); //=> 1
selectNumber(true, false, true); // 型エラー
```

ちなみにTypeScriptでは、次のような記述で型適用から関数呼び出しまでを一気に書けます。

コード9.6：TypeScriptにおけるジェネリクスの呼び出し

```
select<number>(true, 1, 2);
```

さらに言うと、本来のTypeScriptでは型適用を省略することも可能です。つまり、単に「select(true, 1, 2)」と書くだけで、「select<number>(true, 1, 2)」の省略であることが自動的に推論されます。本書ではこの推論は扱いませんが、演習問題にしておいたので、興味のある人は挑戦してみてください。

NOTE

型抽象で抽象化できる型は1つに限りません。TypeScriptでは<T1, T2, T3>のように書くことで2つ以上の型を抽象化することもできます。もちろん型適用も同様です。

また、TypeScriptの<T>という構文は、JSXのタグの構文と衝突することから、エディタや環境によっては文法エラーになることがあります。そのようなときは<T,>のようにコンマを書き足すことで、「型変数1つだけの型抽象の構文である」ことを明示するとエラーが出なくなります。

ジェネリクス以外でのコード再利用

ジェネリクスは、selectNumberやselectBooleanをまとめたいという問題に対する唯一絶対の解決策ではありません。広く使われている（使われていた）解決策は、部分型付けを使う方法です。

この方法では、JavaのObject型やGoのinterface{}型のような、ほとんどすべての型を部分型とする一般的な型を活用します。TypeScriptで言うとunknown型（またはany型）を使って次のように書くことに対応します。

コード9.7：部分型付けによるコード再利用

```
const select = (cond: boolean, a: unknown, b: unknown) => (cond ? a : b);

// 部分型付けにより、unknownにはnumberもbooleanも渡せる
select(true, 1, 2);
select(true, false, true);
```

とても自然にselectの定義をまとめることができました。

ただし、このselectの返り値はunknown型になるという致命的な弱点があります。unknown型はその名の通り、正体がわからない値の型なので、ほとんどの操作ができません。「select(true, 1, 2)」の返り値をnumber型として使いたかったら、as演算子で明示的にキャストをする必要があります。

コード9.8：asによる明示的なキャスト

```
const n = select(true, 1, 2) as number;
```

このキャストのように、より一般的な型から部分型へのキャストをダウンキャストと呼びます。ダウンキャストを許すと型安全性が満たされなくなるので、型システムの分野ではしばしば問題視されます。TAPLでも、15.5節でダウンキャストの問題が議論されています。TAPLはJavaがジェネリクスを実装していなかった時代に書かれたので、それを考慮しながら読むとよいでしょう。

当初ジェネリクスを実装していなかったJavaやGoはしばしば、「ジェネリクスという便利な概念があるのに、彼らはなぜ実装しないのか？」という批判にさらされました。その結果かどうかはわかりませんが、結局どちらの言語もジェネリクスを実装することになりました。なぜ彼らがジェネリクスを実装するまでに時間がかかったか。その理由の1つは、ジェネリクスが本当に複雑な機能だからだと思われます。どのように複雑で、どのようなコーナーケースがあるかを、これから見ていきましょう。

「抽象」と「適用」

型抽象や型適用という耳慣れない表現に戸惑う人もいそうなので、これらの用語における「抽象」と「適用」という言葉の意味を簡単に説明しておきます。型抽象は、「型の部分を穴あきにして（抽象化して）、再利用可能にしたコード断片」という意味です。型適用は、「具体的な型で型抽象の穴を埋めて実行する」という意味です。

ちなみにTAPLでは、型ではなく「項の抽象」および「項の適用」という概念も出てきます。

項の抽象は、項の一部を穴あきにして抽象化したコード断片です。本書の対象言語では、無名関数の構文が項の抽象に対応します。無名関数は「仮引数の利用箇所が穴になったコード断片」ともみなせますよね。

項の適用は、穴のところに具体的な項を埋め込んで実行する構文です。対象言語では関数呼び出しの構文に対応します。関数呼び出しは、「その実引数を仮引数の位置に埋め込んで実行すること」とみなせるわけです。

なお、f(x)を「適用」という語で表現するときの正しい言い方は「値xに関数fを適用する」です。間違って「fにxを適用する」という逆の言い回しをされている場面をたまに見かけるので注意しましょう。

9.2 TypeScriptのジェネリクスを詳しく見る

TypeScriptでプログラムを書く人向けの解説書であれば、ジェネリクスについての説明は以上で十分かもしれません。しかし自分たちの言語のための型検査器を作っている我々には、もっと掘り下げた理解が必要です。

本節ではTypeScriptにおけるジェネリクスの詳細やコーナーケースをいくつか見ていきます。そのため、ふつうのアプリケーション開発では書かないであろう抽象的でややこしいプログラムの例も出てきます。プログラミング言語の重箱の隅を突くような話なので、ややこしいところもあると思いますが、それこそがプログラミング言語の機能を開発する醍醐味でもあります。がんばってついてきてください。

もちろん、我々は自分たちの言語の型検査器を作っているので、ジェネリクスについても究極的には詳細を自由に決めてかまいません。しかしジェネリクスは非常に複雑な機能なので、うかつに作るとおかしな実装になってしまいがちです。

そこで、まずは型抽象という観点から「TypeScriptにおいてジェネリクスがどのように実装されているか」を素直に確認してみましょう。

9.2.1　項の型抽象と型の型抽象

前節では、TypeScriptのジェネリクスで使われる<T>という構文は、関数が型抽象されていることを示すと説明しました。この<T>は、無名関数の項に付くこともあれば、関数の型に付くこともあります。

たとえば、下記は無名関数の項「(x: T) => true」に<T>を付けたもの（型抽象された項）です。

コード9.9：型抽象された項の例

```
<T>(x: T) => true;
```

下記は、関数型(x: T) => booleanに<T>を付けたもの（型抽象された型）です。

コード9.10：型抽象された型の例

```
<T>(x: T) => boolean
```

型抽象された項は、型抽象された型を持ちます。上記の例で言えば、項「<T>(x: T) => true」の型は<T>(x: T) => booleanです。

以降の説明では「型抽象された項」と「型抽象された型」をきちんと区別しながら読み進めてください。

9.2.2　型抽象された型はどう扱えるか

型抽象された型は、具体的な型と同じように、仮引数の型として書くことができます。たとえば、型抽象された型<T>(x: T) => booleanを持つ関数を引数として受け取る関数fを下記のように定義できます。

コード9.11：型抽象された型を引数として受け取る関数の例

```
const f = (g: <T>(x: T) => boolean) => true;
```

このような関数を呼び出すときに引数として渡せるのは、型抽象された型を持つ関数です。上記のfであれば、<T>(x: T) => booleanという型を持つ関数を引数として渡せます。たとえば以下のような関数gを引数として渡せます。

コード9.12：コード9.11のfに渡す関数の例

```
1  const g = <T>(x: T) => true;
2
3  f(g); // f に g を渡して呼び出せる
```

しかし、型抽象されていない具体的な型を持つ関数は引数として渡せません。今の例だと、もし関数gが(x: number) => booleanという型で次のように定義されていたら、それをfの引数に渡して呼び出すことはできません。

コード9.13：具体的な型の関数を渡すと型エラーになる

```
const g = (x: number) => x === 1;

f(g); // 型エラー
```

もし上記が型エラーとならずに許されていたら、たとえば下記のような「本来なら型エラーになるはずのプログラム」が型エラーにならなくなってしまいます。

コード9.14：本来なら型エラーになるはずの例

```
// 型 <T>(x: T) => boolean を受け取る関数 f
const f = (g: <T>(x: T) => boolean) => g<boolean>(true);

// 型 (x: number) => boolean を持つ関数 g
const g = (x: number) => x === 1;

// これが呼び出せると、問題が起きる
f(g);
```

関数fに引数として渡している関数gは、仮引数xの型が型抽象されておらず、numberという具体的な型として定義されています。一方、上記のfの定義は「引数として受け取った関数にboolean型の値trueを渡す」というものです。そのため「f(g)」では、number型の引数にboolean型の値が渡されることになります。したがって、引数として「型抽象された型を持つ関数」を取る関数に「具体的な型を持つ関数」を渡してはいけないのです。

型抽象された型の扱いには、もう1つ特筆すべきことがあります。それは、「型抽象された型は、型変数の名前が異なっていても、一貫して読み替えることができれば同じ型として扱われる」という点です。たとえばコード9.15のプログラムは、<T>(x: T) => booleanと<A>(x: A) => booleanが同じ型として扱われるので型エラーになりません。

コード9.15：型変数の名前が異なっていても同じ型として扱われる

```
const f = (g: <T>(x: T) => boolean) => true;

// 型抽象された型 <A>(x: A) => boolean を持つ関数 g
const g = <A>(x: A) => true;

// 型抽象された型 <T>(x: T) => boolean を受け取る関数に、
// 型抽象された型 <A>(x: A) => boolean の値を渡すことはできる
f(g);
```

型変数名を任意の別名に読み替えても同じように振る舞うことが期待されるという性質は、あとで説明する「変数捕獲」という問題を解決するために必要になります。これについては「9.2.5 型適用の詳細な振る舞い」で後述します。

9.2.3 型変数を使える場所

次は型変数に注目しましょう。ここまでの例では「仮引数の型」でのみ型変数を使っていましたが、TypeScriptではそれ以外の場所でも型変数を使えます。

まずは今までと同じく「仮引数の型」で型変数を使う例です。

コード9.16：仮引数の型で型変数を使う例

```
const foo = <T>(arg: T) => arg;
```

この関数fooを、たとえばnumberという具体的な型で型適用したものは、(x: number) => number型のふつうの関数です。

コード9.17：コード9.16のfooをnumber型で型適用する

```
// 型適用で (arg: number) => number になる
foo<number>; // この時点では型適用しただけ

// 次のように呼べる
foo<number>(1);
```

同じ仮引数の型で使う場合でも、そのまま型変数Tを仮引数の型にする使い方だけでなく、たとえば「Tを受け取ってTを返す関数型」として仮引数の型で使うこともできます。下記のfooでは、(x: T) => Tという型を構成し、その型を引数として受け取る関数を型抽象を用いて定義しています。

コード9.18：関数型 (x: T) => T を受け取る関数

```
const foo = <T>(arg: (x: T) => T) => true;
```

この関数fooは、たとえばnumberのような具体的な型で型適用すると、(arg: (x: number) => number) => boolean型の関数になります。したがって(x: number) => number型の関数を引数にして呼び出せます。

コード9.19： コード9.18のfooをnumber型で型適用する

```
// 型適用で (arg: (x: number) => number) => boolean になる
foo<number>; // この時点では型適用しただけ

// 次のように呼べる
const g = (x: number) => x;
foo<number>(g);
```

次は、関数の本体で型変数を使う例です。たとえば下記の例は、<T>が付いている関数自体は引数がなく、したがって仮引数の型では型変数Tは使われていません。しかし本体に書かれている無名関数の仮引数としてTが使われています。たとえばnumber型で型適用すると、「(x: number) => booleanという型の関数を返す関数」になります。

コード9.20： 関数の本体で型変数を使う例

```
const f = <T>() => ((x: T) => true);

// 型適用すると () => (x: number) => true という項になる
foo<number>;
```

NOTE

コード9.20のfoo<number>の型は、() => ((x: number) => boolean)となります。「関数を返す関数」を表していることを確認してください。
また、後方の括弧を省略して() => (x: number) => booleanと書いても同じ意味です。慣れないと少しややこしいかもしれませんが、この先ではこのように括弧を省略した表記を多用するので、注意して読んでください。

さらに、型適用でも型変数を使えます。下記の例の関数gでは、型抽象<T>で導入した型変数Tを、「f<T>」という型適用の中で使っています。したがってgを具体的な型で型適用すると、最終的には「その具体的な型でfを型適用した関数」を返します。

コード9.21： 型適用で型変数を使う例

```
const f = <T>(x: T) => x;
const g = <T>() => f<T>;

// 型適用で () => f<number> になり、最終的には () => (x: number) => number になる
g<number>; // 型適用しただけ
```

NOTE

実際のTypeScriptでは、const文での型注釈や、型キャストのas式などでも、型変数を使えます。ただ、我々の言語ではプログラムの中で型を明示するのが仮引数と型適用だけなので、それらの例については取り上げません。

9.2.4 型変数のスコープ

入れ子のスコープで同名の変数を新たに導入することはshadowingと呼ばれます(42ページのコラムも参照)。たとえば、TypeScriptで次のような「関数を返す関数」を定義したとしましょう。

コード9.22：変数のshadowingの例

```
const f = (x: number) => (x: number) => x;

f(1)(2); //=> 2
```

fの定義における内側の関数「(x: number) => x」では、外側の関数「(x: number) => (x: number) => x」における変数xの定義をshadowingしています。つまり、fの定義は「(x1: number) => (x2: number) => x2」と同じ意味です。そのため「f(1)(2)」の実行結果は1ではなく2になります。

型変数にもスコープがあり、したがってshadowingがあります。つまり、同名の型変数が入れ子で定義されている場合には、より内側の型抽象で導入されたものが参照されます。たとえば下記の関数fでは、同名のTによる型抽象<T>が入れ子になっていますが、参照されるのは内側のTです。

コード9.23：型変数のshadowingの例

```
const f = <T>() => <T>() => (x: T) => x;
```

関数fを、たとえば「f<number>()<boolean>();」のように型適用すると、これは「(x: boolean) => x」と同じ型となり、「(x: number) => x」にはなりません。

わかりやすいように、入れ子の内側と外側の型変数の名前を変えて考えてみましょう。関数fは以下で定義される関数gと同じものです。

コード9.24：入れ子の内側と外側で型変数の名前を変えても同じ

```
const g = <T1>() => <T2>() => (x: T2) => x;
```

一方、以下の関数hとは異なります。

コード9.25：入れ子の内側で外側の型変数の名前を使っている

```
const h = <T1>() => <T2>() => (x: T1) => x;
```

9.2.5 型適用の詳細な振る舞い

型適用は、型抽象された型から<T>を外し、その中にある型変数Tをすべて具体的な型で置き換えるという操作です。この操作の後半の、「その中にある型変数をすべて具体的な型で置き換える」という部分は、特に「型代入」と呼ばれます。

NOTE

型代入は "type substitution" の訳語です。「代入」というとプログラミングにおける代入（"assignment"）を思い浮かべる人も多いと思いますが、両者は異なる概念であることに注意してください。

なお、"substitution" という用語は、数学一般において「式の中の変数を具体的な式に置き換える操作」を指すときに使われます。"substitution" の訳語には「代入」と「置換」があるのですが、型システムの分野では「代入」と訳すのが通例です。

型代入の振る舞いには考慮すべきコーナーケースがいくつかあります。次の例を見てください。

コード9.26：arg2のTはfooでnumberには置き換えられない

```
1 const foo = <T>(arg1: T, arg2: <T>(x: T) => boolean) => true;
2 
3 foo<number>;
```

関数fooは<T>…で型抽象されています。1つめの仮引数arg1は型T、2つめの仮引数arg2は型<T>(x: T) => booleanです。このとき、「foo<number>」という型適用の結果はどのような型になるでしょうか。

仮引数に出てくる型変数Tを単純にすべてnumberに置き換えると「(arg1: number, arg2: <T>(x: number) => boolean) => true」になりますが、これは間違いです。shadowingがあるので、arg2の型の中にあるTは、あくまでもarg2の型抽象そのもので導入されている型変数です。「foo<number>」の型適用が置き換える対象のTではないのです。

したがって「foo<number>」という型適用では、arg1の型Tはnumberに置き換えられますが、arg2の型の中にあるTは置き換えられないことに注意してください。つまり、「foo<number>」という型適用の結果は「(arg1: number, arg2: <T>(x: T) => boolean) => true」になります。

ここまで読んで、「型代入では型抽象の中にある型変数は置き換えられないんだな」と考えたかもしれません。しかし関数`foo`がコード9.27のような定義だと、型適用によって引数`arg2`の中の型`T`も置き換えられるので、「`foo<number>`」は「`(arg1: number, arg2: <U>(x: number, y: U) => boolean) => true`」になります。

コード9.27： arg2のTはfooでnumberに置き換えられる

```
const foo = <T>(arg1: T, arg2: <U>(x: T, y: U) => boolean) => true;

foo<number>;
```

この場合はコード9.26とは異なり、`arg2`の型抽象の型変数が`<T>`ではなく`<U>`です。したがって、その中にある型変数`T`は置き換える必要があります。つまり、先ほどの「型代入では型抽象の中にある型変数は置き換えられないんだな」という観察は間違いです。

それでは、今の例を受けて、「型代入では置き換え対象の型変数と同名の型抽象の中にある型変数は置き換えられないんだな」のように考えればいいのでしょうか。実はまだダメです。一般に、代入で変数（この場合は型変数）を単純に置き換えてしまうと、「変数捕獲」と呼ばれる意図しない結果になることがあります。本節の本題は、型代入における変数捕獲の問題を解決することです。

まずは変数捕獲が起きる例を見てみましょう。関数`foo`に対するコード9.28のような型適用を考えてみてください。

コード9.28： 変数捕獲で意図しない型適用になる例

```
const foo = <T>(arg1: T, arg2: <U>(x: T, y: U) => boolean) => true;

const bar = <U>() => foo<U>;
```

「`foo<U>`」という型適用に注目してください。これまでの説明だけだと、`foo`の定義に出てくる`T`を`U`で置き換えて「`(arg1: U, arg2: <U>(x: U, y: U) => boolean) => true`」になりそうです。

しかし、この置き換えた型の中に出てくる`<U>(x: U, y: U) => boolean`という部分は、明らかに意図しない結果です。`x: U`の`U`は、関数`bar`が導入した型変数ですが、`y: U`の`U`は`arg2`の型抽象で導入された型変数であり、これらは別物だったはずです。`<U>(x: U, y: U) => boolean`という型では、これらが区別できなくなってしまいます。これが変数捕獲が起きてしまった状態です。

この問題を解決するために、型代入にあたっては、まず型変数の名前を変更して衝突を回避します。記述が見やすいように、内側の仮引数の数を減らした次の関数bazで説明しましょう。

コード9.29：説明のための仮引数を減らした関数

```
const baz = <T>(arg1: T, arg2: <U>(x: T) => U) => true
```

型適用「baz<U>」では、TをUに置き換えるとき、その結果を「(arg1: U, arg2: <U>(x: U) => U) => true」ではなく「(arg1: U, arg2: <U_2>(x: U) => U_2) => true」とします。もともとUだった型変数がU_2という名前に置き換えられていることに注意してください。このU_2という名前は、外側の型適用で使われる型変数の名前と衝突しない別名なら何でもかまいません。このようなリネームにより、先ほどのような問題はなくなります。

ここまでの説明からわかるように、型適用は非常に繊細な操作です。9.5節では、まず「直観的だけれどバグがある」ような型代入の実装を示します。そのうえで、この節で話した例を実際に型検査し、どのように間違った結果になるかを見たうえで、正しい型代入の実装にしていきます。

変数捕獲をTypeScriptで再現する

変数捕獲の問題を実際のTypeScriptで再現してみたければ、次のようなコードを書いてみるとよいでしょう。

```
1  const foo = <T>(arg1: T, arg2: <U>(x: T, y: U) => boolean) => true;
2
3  const bar = <U>(x: U) => foo<U>(x, (x: U, y: U) => true);
```

筆者が試したところ、「(x: U, y: U) => true」という式が次のような型エラーになりました（TypeScript v5.6.2で実験）。

```
Argument of type '(x: U, y: U) => true' is not assignable to parameter of
type '<U>(x: U, y: U) => boolean'.
  Types of parameters 'y' and 'y' are incompatible.
    Type 'U' is not assignable to type 'U'. Two different types with this
    name exist, but they are unrelated.
      'U' could be instantiated with an arbitrary type which could be
      unrelated to 'U'.(2345)
```

Type 'U' is not assignable to type 'U'.（型Uは型Uに代入できない）というところだけ取り出すと、ちょっと面白いですね。これは先ほど説明したように、片方の型変数がU_2のように内部的にリネームされていることを示しています。つまり、Two different types with this name exist, but they are unrelated.（この名前で2つの異なる型が存在するが、それらは無関係である）というメッセージの通り、見かけ上は同じ名前でも実体は別の型変数として扱われているということです。

9.2.6 型適用の実行時の意味

「項に対する型適用は、型を具体化した関数を返す」と言いましたが、これは実行時に何か特別な計算をするという意味ではありません。下記のようなTypeScriptのプログラムを考えてみてください。

コード9.30：コード9.3と同じTypeScriptのプログラム

```
1  const select = <T,>(cond: boolean, a: T, b: T) => (cond ? a : b);
2  select<number>;
```

TypeScriptのプログラムは、原則として、型に関する記述を取り払うとJavaScriptプログラムになります。これは型適用についても同様です。したがって上記のコードは次のようなJavaScriptのプログラムになります。

コード9.31：コード9.30に対応するJavaScriptのプログラム

```
1  const select = (cond, a, b) => (cond ? a : b);
2  select;
```

「select<number>」が、単に「select」に置き換えられたことがわかります。つまり、型適用「select<number>」は実行時にはまったく影響しないということです。

NOTE

TAPLの第23章では、「型適用がなされたとき、項の中に現れる型変数を実行時に置き換える計算が行われる」という前提で議論が進められています（「型渡し意味論」と呼ばれています）。そして23.7節で、「型抽象と型適用に関する型注釈を消し去っても実行時の意味が変わらない」という性質が定理として述べられています。このようにして間接的に、型抽象と型適用が実行時に特別な意味を持たないことが説明されています。
本書では、型代入は「型の中に現れる型変数を置き換える操作」です。つまり、型代入の対象は型だけです。TAPLでは、型適用が実行時に意味を持つ構文として定義されているので、「項を対象とした型代入」という概念も登場します。TAPLを読む人は、このあたりの違いに注意してください。

9.3 型の定義

TypeScriptのジェネリクスの挙動を細かいところまで確認したところで、いよいよ我々の型検査器にジェネリクスを実装していきます。実装のベースとするのはbasic.tsです。実装の名前はpoly.tsとし、そこに型抽象と型適用を導入します。

まずは型の定義を拡張します。型抽象<T>…に対応する型と、型変数Tに対応する型が必要になります。これら2つに対応する型を対象言語の型Typeに追加しましょう。

コード 9.32：ジェネリクスに関する型の定義

```
type Type =
  …（省略）…
  | { tag: "TypeAbs"; typeParams: string[]; type: Type }
  | { tag: "TypeVar"; name: string };
```

型抽象<T>…に対応する型は、tagが"TypeAbs"のオブジェクト型によって表すことにしました[†2]。この型に持たせる必要があるのは、型抽象における仮引数の一覧と、中身の型です。それぞれをtypeParamsプロパティとtypeプロパティで表しています。typeParamsプロパティの値は、型変数の名前を文字列の配列で保持すればいいでしょう。typeプロパティでは型Typeを再帰的に持たせます。

型変数に対応する型は、tagが"TypeVar"のオブジェクト型で表すことにしました。この型に必要なのは型変数だけです。これはnameプロパティで文字列として保持するようにしています。

例として、<T>(cond: boolean, a: T, b: T) => Tという型抽象されたselect関数の型を表現した型Typeのデータ構造を示します。中身は関数型なので"Func"です。その仮引数の型が"TypeVar"になっていることに注目してください。

コード 9.33：TypeAbsのデータ構造の例

```
{
  tag: "TypeAbs",
  typeParams: ["T"],
  type: {
    tag: "Func",
    params: [
        { name: "cond", type: { tag: "Boolean" } },
        { name: "a", type: { tag: "TypeVar", name: "T" } },
        { name: "b", type: { tag: "TypeVar", name: "T" } },
    ],
    retType: { tag: "TypeVar", name: "T" },
  },
}
```

[†2] TypeAbsは“type abstraction”（型抽象）の略です。

9.4 項の定義

対象言語にジェネリクスを導入するためには、構文として型抽象と型適用の2つに対応する必要があります。構文そのものは、実装言語であるTypeScriptと同じく、<T>という記法を使ったものにしましょう。たとえば本章の冒頭では、TypeScriptにおいてselect関数をジェネリクスとして定義する例を見ました。

コード9.34：対象言語におけるジェネリクスの構文（TypeScriptと同じ）

```
// 型抽象
const select = <T>(cond: boolean, a: T, b: T) => (cond ? a : b);

// 型適用
select<number>;
```

これらの構文に対応する項を、対象言語の項を表す型Termにオブジェクト型として追加していきます。

まずは型抽象の構文に対応するオブジェクト型から考えます。コード9.34の型抽象のほうの構文を見ると、無名関数の項を<T>…で取り囲んでいて、形としては前節で見た型抽象された型の例（<T>(cond: boolean, a: T, b: T) => T）とよく似ていますね。そこで、同じようなプロパティを持つ次のようなオブジェクト型で表現することにします。typeParamsプロパティは抽象化される型の一覧、bodyプロパティは中身の項です。

コード9.35：型抽象に関する項を表す型の定義

```
type Term =
  …（省略）…
  | { tag: "typeAbs"; typeParams: string[]; body: Term }
```

例として、「<T>(cond: boolean, a: T, b: T) => (cond ? a : b)」という項を表す構文木をコード9.36に示します（図9.1）。無名関数の構文である"func"を取り囲むように"typeAbs"があり、型変数の一覧にTがあることが読み取れるでしょう。

NOTE

ジェネリクスに関する構文は、tiny-ts-parserのparsePoly関数を使うことでパースできます。これにより対象言語のプログラムの構文木を観察できます。

コード9.36： typeAbsの構文木の例

```
{
  tag: "typeAbs",
  typeParams: [ "T" ],
  body: {
    tag: "func",
    params: [
      { name: "cond", type: { tag: "Boolean" } },
      { name: "a", type: { tag: "TypeVar", name: "T" } },
      { name: "b", type: { tag: "TypeVar", name: "T" } },
    ],
    body: {
      tag: "if",
      cond: { tag: "var", name: "cond" },
      thn: { tag: "var", name: "a" },
      els: { tag: "var", name: "b" },
    },
  },
}
```

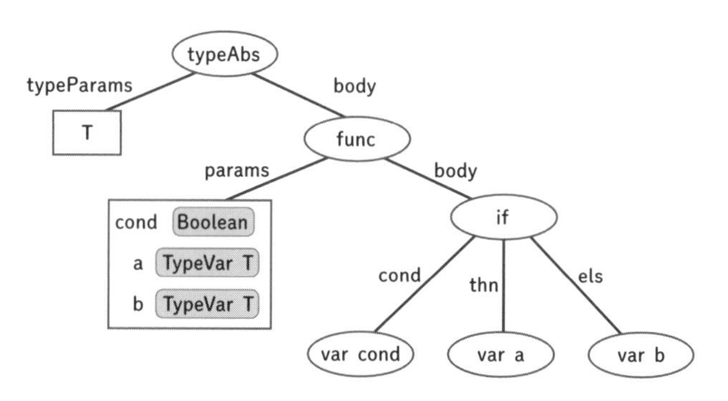

▶ 図9.1 「<T>(cond: boolean, a: T, b: T) => (cond ? a : b)」の構文木

次は型適用の構文に対応するオブジェクト型です。こちらは、「select<number>」という具合に、型適用の対象となる項（この場合はselect）と、型適用により仮引数と置き換えたい型（この場合はnumber）を指定するという構文になっています。そこで、これらをそれぞれプロパティとして保持できるオブジェクト型として、次のように表現しましょう。typeAbsプロパティが対象となる項、typeArgsが仮引数と置き換えたい型（すなわち実引数の型）です。実引数の型は、場合によっては複数あるので、Typeの配列としています。

コード9.37： 型適用に関する項を表す型の定義

```
type Term =
  …（省略）…
  | { tag: "typeApp"; typeAbs: Term; typeArgs: Type[] };
```

型適用の例として、「foo<number>」の構文木をコード9.38に示します（図9.2）。関数の入っている変数参照{ tag: "var", name: "foo" }を"typeApp"が取り囲んでいます[†3]。typeArgsには引数であるnumber型が入っています。

コード9.38：typeAppの構文木の例

```
{
  tag: "typeApp",
  typeAbs: { tag: "var", name: "foo" },
  typeArgs: [ { tag: "Number" } ],
}
```

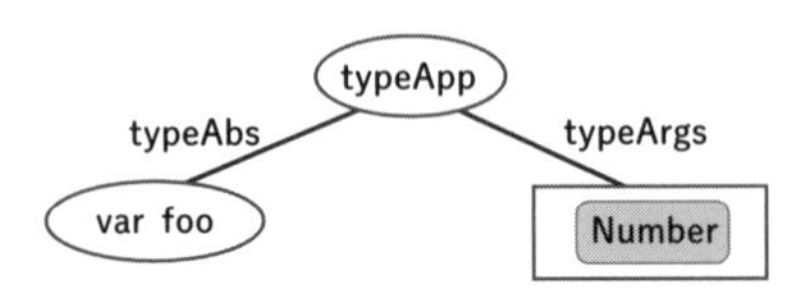

▶図9.2　foo<number>の構文木

TypeScriptにおける型抽象の対象

TypeScriptでは関数にしか型抽象を書けません。TypeScriptでは、型抽象は無名関数の構文の一部として扱われているので、型抽象の対象となる関数を括弧で括り出すことすら許されていません。

コード9.39：TypeScriptの型抽象は無名関数の構文

```
const f = <T>  (x: T) => x  ; // これはOK
const g = <T>( (x: T) => x ); // これは構文エラー
```

一方、TAPLでは任意の項に型抽象を書けます。本書ではTAPL流の構文木を採用しているので、項を表す型Termでは結果的に"typeAbs"のbodyに任意の項が置けます。しかし、実際にはTypeScriptの構文の制限から、"typeAbs"のbodyに"func"の項以外がくることはありません。型Typeも同様で、"TypeAbs"のbodyは常に"Func"となります。

TypeScriptでは、型抽象の構文が関数定義の構文に組み込まれていると言えます。これはTypeScriptに限らず、Javaなどでも同じです。ほとんどの場合、型抽象を書きたくなる対象は関数なので、このような制限があっても実用上は問題ないでしょう。このような制限には型注釈の省略が扱いやすくなるという効果もあると思われます。

[†3] typeAppは“type application”（型適用）の略です。

> なお、型適用の構文については、TypeScriptでは関数呼び出しの構文からは独立しています[†4]。

9.5 型代入の実装（間違った実装）

項と型の定義の拡張ができたので、いよいよ型検査器にジェネリクスを実装していきます。

ジェネリクスを実装するうえで肝になるのは型代入の実装です。ここでは、まず型代入の「間違った実装」を示します。そして、その間違った型代入の実装を使って型検査器をとりあえず動かせる状態にします。この型検査器には奇妙な振る舞いがあるので、それについて議論し、そのうえで型代入の実装の誤りを直します。

すでに述べた通り、型代入は「型の中に含まれる型変数を具体的な型で置き換える」という操作です。具体的には、型`(x: T) => x`のTを`number`に置き換えて型`(x: number) => x`を作り出したり、`boolean`に置き換えて型`(x: boolean) => x`を作り出したりする操作です。

そのような操作を関数`subst`として実装しましょう。型代入の操作には、型適用の対象となる型、置き換え対象である型変数の名前、型変数の位置にくるべき型の3つが必要です。大枠は、これらを引数として受け取り型適用の対象となる型で分岐する、という処理として書けそうです。

コード 9.40：型代入の実装の大枠

```
function subst(ty: Type, tyVarName: string, repTy: Type): Type {
  switch (ty.tag) {
    case "Boolean":
    case "Number":
      return ty;
    case "Func": {
      …（これから実装）…
    }
    case "TypeAbs": {
      …（これから実装）…
    }
```

†4 昔のTypeScriptでは型適用の構文も関数呼び出しの構文と結び付いていて、型適用を単独で書くことはできませんでした。TypeScript 4.7で型適用の構文（instantiation expression）が別途導入され、`func<number>`が単独で書けるようになりました。正確に言うと、TypeScriptの関数呼び出しの構文は今でも型適用を含んだものになっており、`func<number>(0)`は全体で関数呼び出しの構文です。一方`parsePoly`関数は、`func<number>(0)`というコードに対して型適用`func<number>`と関数呼び出し`...(0)`を別のノードとする構文木を生成します。

```
12      case "TypeVar": {
13        …（これから実装）…
14      }
15    }
16  }
```

型適用の対象となる型が"Func"であるときは、中身の型（仮引数の型の部分と、関数本体の型の部分）に対して再帰的にsubstを呼ぶだけです。

コード 9.41：Func 型の場合の型代入の実装

```
1  function subst(ty: Type, tyVarName: string, repTy: Type): Type {
2    switch (ty.tag) {
3      …（省略）…
4      case "Func": {
5        const params = ty.params.map(
6          ({ name, type }) => ({ name, type: subst(type, tyVarName, repTy) }),
7        );
8        const retType = subst(ty.retType, tyVarName, repTy);
9        return { tag: "Func", params, retType };
10     }
11     …（省略）…
12   }
13 }
```

型適用の対象となる型が"TypeVar"であるときは、その型変数が置き換えの対象かどうかを調べて、対象であれば「型変数の位置にくるべき型」で置き換えます。対象でなければ、そのまま元の型変数を返します。

コード 9.42：TypeVar 型の場合の型代入の実装

```
1  function subst(ty: Type, tyVarName: string, repTy: Type): Type {
2    switch (ty.tag) {
3      …（省略）…
4      case "TypeVar": {
5        return ty.name === tyVarName ? repTy : ty;
6      }
7      …（省略）…
8    }
9  }
```

型適用の対象となる型が"TypeAbs"であるとき、つまり型抽象であるときは、中身の型に対して再帰的にsubstを呼べばよさそうです。

コード 9.43：TypeAbs 型の場合の型代入の実装（間違い）

```
function subst(ty: Type, tyVarName: string, repTy: Type): Type {
  switch (ty.tag) {
    …（省略）…
    case "TypeAbs": {
      const newType = subst(ty.type, tyVarName, repTy);
      return { tag: "TypeAbs", typeParams: ty.typeParams, type: newType };
    }
    …（省略）…
  }
}
```

実はこの部分は型代入の実装として間違っています。しかし、ひとまずはこの誤った`subst`関数のままで先に進んでみましょう。しばらくはこの実装を`poly_bug.ts`という名前のファイルに保存して進めるものとします。

その前に、簡単に`subst`関数の動作確認をしておきます。`subst`関数の1つめの引数に渡す対象の型は、ちょっと大変ですが手書きしてください。たとえば型`(x: T) => T`の中の型変数`T`を`number`型に置き換える例は下記のようにして試せます。

コード 9.44：subst 関数の動作確認

```
…（poly_bug.ts の実装）…

console.log(subst(
  {
    tag: "Func",
    params: [
      { name: "x", type: { tag: "TypeVar", name: "T" } },
    ],
    retType: { tag: "TypeVar", name: "T" },
  },
  "T",
  { tag: "Number" },
));
```

これを実行すると、型`(x: number) => number`に対応するデータが出力されるはずです。

```
$ deno run -A poly_bug.ts ↵
{
  tag: "Func",
  params: [ { name: "x", type: { tag: "Number" } } ],
  retType: { tag: "Number" }
}
```

9.6 ジェネリクスに対応した型の等価判定

次は、型の等価判定に使っているtypeEq関数をジェネリクスに対応させます。基本的にはこれまでと同じように、型で分岐して再帰的に比較していくだけです。

ただし、1つだけ大きな注意点があります。それは、型<A>(x: A) => Aと型<B>(x: B) => Bを同じ型として判定できるようにしなければならないという点です。

実は、すでに第8章で似たような実装を経験しています。型変数の読み替えを行う比較関数であった、typeEqNaiveです。typeEqNaive関数では、型変数の対応関係を保持するmapという引数を追加していました。今回もそれと同様のことをするだけです。

比較する対象の型が"TypeAbs"と"TypeVar"の場合についてまだ実装していませんが、新たな引数mapを持ち回すようにした実装を下記に示します。ちょっとややこしいのですが、今回は以降の説明の都合から、関数の名前をtypeEqNaiveではなくtypeEqSubとして定義します。

コード9.45：ジェネリクスに対応した型の等価判定

```
function typeEqSub(ty1: Type, ty2: Type, map: Record<string, string>): boolean {
  switch (ty2.tag) {
    case "Boolean":
      return ty1.tag === "Boolean";
    case "Number":
      return ty1.tag === "Number";
    case "Func": {
      if (ty1.tag !== "Func") return false;
      if (ty1.params.length !== ty2.params.length) return false;
      for (let i = 0; i < ty1.params.length; i++) {
        if (!typeEqSub(ty1.params[i].type, ty2.params[i].type, map)) {
          return false;
        }
      }
      if (!typeEqSub(ty1.retType, ty2.retType, map)) return false;
      return true;
    }
    case "TypeAbs": {
      …（これから実装）…
    }
    case "TypeVar": {
      …（これから実装）…
    }
  }
}
```

"TypeAbs"と"TypeVar"の場合の実装を考えましょう。

"TypeVar"のほうはtypeEqNaiveで実装したものとほとんど同じです。すなわち、「tagプロパティの値がいずれも"TypeVar"であること」と、「型変数の名前が一致すること（nameプロパティの値が等しいこと）」を確認するだけです。ただし、名前の比較の際、mapによる型変数の読み替えを考慮する必要があります。

コード9.46：TypeVarに対する等価判定

```
function typeEqSub(ty1: Type, ty2: Type, map: Record<string, string>): boolean {
  switch (ty2.tag) {
    …（省略）…
    case "TypeVar": {
      if (ty1.tag !== "TypeVar") return false;
      if (map[ty1.name] === undefined) {
        throw new Error(`unknown type variable: ${ty1.name}`);
      }
      return map[ty1.name] === ty2.name;
    }
  }
}
```

"TypeAbs"のほうは、今回新たに実装する項目です。「ty1とty2がともに"TypeAbs"であること」と、「導入される型変数の数が一致すること」の確認が必要なところまではよいでしょう。ポイントは、型抽象の本体部分を再帰的に比較する前に、mapの対応を更新するところです。たとえば、ty1が型抽象<A>…で、ty2が型抽象<B>…であるときは、mapに"A": "B"という対応関係を追加する必要があります。まとめると下記のような実装になります。

コード9.47：TypeAbsに対する等価判定

```
function typeEqSub(ty1: Type, ty2: Type, map: Record<string, string>): boolean {
  switch (ty2.tag) {
    …（省略）…
    case "TypeAbs": {
      if (ty1.tag !== "TypeAbs") return false;
      if (ty1.typeParams.length !== ty2.typeParams.length) return false;
      const newMap = { ...map };
      for (let i = 0; i < ty1.typeParams.length; i++) {
        newMap[ty1.typeParams[i]] = ty2.typeParams[i];
      }
      return typeEqSub(ty1.type, ty2.type, newMap);
    }
    …（省略）…
  }
}
```

以上でtypeEq関数の改造が完了したので動作確認をしておきましょう（関数の名前はtypeEqSubに変更していたので注意してください）。比較する型は、やはり面倒ですがデータ構造を手書きしてください。下記に、型<A>(x: A) => Aと型<B>(x: B) => BをtypeEqSub関数で比較する例を示します。

コード9.48：typeEqSub関数の動作確認（それに使う型のデータ構造）

```
… (poly_bug.tsの実装) …

const ty1 = {
  tag: "TypeAbs",
  typeParams: ["A"],
  type: {
    tag: "Func",
    params: [
      { name: "x", type: { tag: "TypeVar", name: "A" } },
    ],
    retType: { tag: "TypeVar", name: "A" },
  },
};

const ty2 = {
  tag: "TypeAbs",
  typeParams: ["B"],
  type: {
    tag: "Func",
    params: [
      { name: "x", type: { tag: "TypeVar", name: "B" } },
    ],
    retType: { tag: "TypeVar", name: "B" },
  },
};

console.log(typeEqSub(ty1, ty2, {}));
```

実行すると、無事にtrue、つまり等価であると判定されるはずです。

```
$ deno run -A poly_bug.ts ↵
true
```

9.7 typecheck関数の実装

ジェネリクスに対応した型の等価判定関数typeEqSubを実装できたので、いよいよtypecheck関数を実装しましょう。やることは3つです。

- これまでtypeEq関数で等価判定していた部分をtypeEqSub関数に置き換える
- 型抽象の構文"typeAbs"が増えたので、対応する処理を足す
- 型適用の構文"typeApp"が増えたので、対応する処理を足す

9.7.1 参照可能な型変数の集合を管理する

まずは型の等価判定をtypeEqからtypeEqSubに置き換えます。両者は引数の個数も違うので、単純に置き換えるのではなく呼び出しも変える必要があります。

これまでのtypecheck関数におけるtypeEqの呼び出し方は、第1引数と第2引数

に比較する型をそれぞれ渡すだけでした。例として"if"に対する処理における使い方をコード9.49に示します。

コード9.49：typeEqの呼び出し方（"if"に対する処理）

```
export function typecheck(t: Term, tyEnv: TypeEnv): Type {
  switch (t.tag) {
    …（省略）…
    case "if": {
      const condTy = typecheck(t.cond, tyEnv);
      if (condTy.tag !== "Boolean") error("boolean expected", t.cond);
      const thnTy = typecheck(t.thn, tyEnv);
      const elsTy = typecheck(t.els, tyEnv);
      if (!typeEq(thnTy, elsTy)) error("then and else have different types", t);
      return thnTy;
    }
    …（省略）…
  }
}
```

コード9.49の9行めで使われているtypeEqを、typeEqSubに置き換えるには、比較対象である2つの型だけでなく、それぞれの中に出てくる「型変数の名前の対応関係」を第3引数として渡す必要があります。typeEqSubの定義では、「型変数の名前の対応関係」をRecord<string, string>型のデータ構造（いわゆる「マップ」）として持ち回っていました。では、typecheck関数でtypeEqSubを呼び出すときは、実引数としてどんなマップを渡せばよいでしょうか。

すぐに思いつくのは、単純に空のマップ（{}）を渡して呼び出すという方針でしょう。それでうまくいくかどうか、実際にtypecheck関数で型の等価判定が呼び出される状況に照らして考えてみることにします。

typecheck関数では、コード9.49のように"if"に対する処理で型の等価判定が出てくるので、項の表現に"if"が出てくる（つまり条件式が含まれる）ようなジェネリクスの関数を何か用意し、それをtypecheck関数にかけたときの状況を考察すればよさそうです。そのような例としては、本章冒頭で定義したselect関数（本体が条件式）の型抽象がぴったりでしょう。

コード9.50：select関数の定義（コード9.3の再掲）

```
const select = <T>(cond: boolean, a: T, b: T) => (cond ? a : b);
```

select関数の型抽象は、次のような項で表されるのでした。

コード9.51：select関数の型抽象の項の構文木（コード9.36の再掲）

```
{
  tag: "typeAbs",
  typeParams: [ "T" ],
  body: {
    tag: "func",
    params: [
      { name: "cond", type: { tag: "Boolean" } },
      { name: "a", type: { tag: "TypeVar", name: "T" } },
      { name: "b", type: { tag: "TypeVar", name: "T" } },
    ],
    body: {
      tag: "if",
      cond: { tag: "var", name: "cond" },
      thn: { tag: "var", name: "a" },
      els: { tag: "var", name: "b" },
    },
  },
}
```

コード9.51に出てくる"if"が、typecheck関数でどのように処理されるのか、想像してみましょう。

まず前提として、typecheck関数で"if"が処理される時点では"func"が処理されており、それにより型環境tyEnvには変数"a"と"b"に対応する型T（データ構造としては{ tag: "TypeVar", name: "T" }）が含まれていることに注意してください。したがって、"if"の処理でt.thnがtypecheckされたthnTyには{ tag: "TypeVar", name: "T" }が、t.elsがtypecheckされたelsTyにも同じく{ tag: "TypeVar", name: "T" }が入ります。

というわけで、"if"のtypecheckにおける等価判定では{ tag: "TypeVar", name: "T" }と{ tag: "TypeVar", name: "T" }が比較されることになります。そこで、両者を実際にtypeEqSubで比較してみれば、typecheck関数におけるtypeEqSub関数の呼び出しで空のマップ{}が使えるかどうかを確かめられそうです。

コード9.52：typeEqSub関数の動作確認（それに使う型のデータ構造）

```
…（poly_bug.tsの実装）…

const thnTyTest = { tag: "TypeVar", name: "T" };
const elsTyTest = { tag: "TypeVar", name: "T" };

typeEqSub(thnTyTest, elsTyTest, {});
```

ところが、上記を試してみるとエラーになってしまいます。つまり空のマップではダメなようです。

```
$ deno run -A poly_bug.ts ↵
error: Uncaught (in promise) Error: unknown type variable: T
  if (!(ty1.name in map)) throw new Error(`unknown type variable: ${ ty1.name }`);
                                ^
…（省略）…
```

なぜ空のマップではダメなのでしょうか。表示されているunknown type variableというエラーメッセージは、typeEqSub関数の"TypeVar"の実装（コード9.46）で発生するもので、mapに含まれていない型変数を比較しようとした場合の例外です。空のマップ{}には、そもそも型変数が含まれていないので、この検査にひっかかってしまったということです。

この比較を成功させるだけなら、話は簡単です。マップに含まれていてほしいのは、型変数の名前の対応関係ですが、thnTyTestにもelsTyTestにも型変数はTという同じ変数名しか現れないので{ "T": "T" }というマップを初期値に与えてtypeEqSubを呼ぶのが正解です。

コード9.53：初期値のマップを与える

```
… (poly_bug.tsの実装) …

const thnTyTest = { tag: "TypeVar", name: "T" };
const elsTyTest = { tag: "TypeVar", name: "T" };

typeEqSub(thnTyTest, elsTyTest, { "T": "T" });
```

これで無事に等価と判定されます。

```
$ deno run -A poly_bug.ts ↵
true
```

ここまでで、typecheck関数でtypeEqSub関数を呼び出すときには空のマップ{}ではダメで、比較対象の項で参照している型変数が含まれていなければならないことがわかりました。ただしselectの例では、等価判定が必要な条件式があるのは「<T>(cond: boolean, a: T, b: T) => (cond ? a : b)」という型抽象<T>…の中であり、この文脈では型変数Tがすでに参照可能ですが、一般にはそのような型変数を何らかの方法で特定する必要があります。したがって残る問題は、そのような型変数を特定し、「現在の文脈で参照可能な型変数の集合」を特定することです。

これは、「3.4.2 型環境」でbasic.tsのtypecheck関数に型環境の引数tyEnvを追加したのと同じやり方でできます。つまり、typecheck関数に「現在の文脈で参照可能な型変数の集合」を表す引数tyVarsを、string[]型の引数として追加します。

コード 9.54： typecheck 関数に引数 tyVars を追加

```
export function typecheck(t: Term, tyEnv: TypeEnv, tyVars: string[]): Type {
  switch (t.tag) {
    …（省略）…
    case "if": {
      // typecheck 関数の再帰呼び出しでは tyVars をたらい回しする
      const condTy = typecheck(t.cond, tyEnv, tyVars);
      if (condTy.tag !== "Boolean") error("boolean expected", t.cond);
      const thnTy = typecheck(t.thn, tyEnv, tyVars);
      const elsTy = typecheck(t.els, tyEnv, tyVars);

      // typeEq 関数にも tyVars を渡す
      if (!typeEq(thnTy, elsTy, tyVars)) {
        error("then and else have different types", t);
      }
      return thnTy;
    }
    …（省略）…
  }
}
```

typecheck 関数は typeEq 関数に tyVars を渡すようにしたので、これを Record<string, string> に変換して typeEqSub 関数を呼び出すようにしましょう。

コード 9.55： typeEqSub 関数の呼び出しを追加

```
function typeEq(ty1: Type, ty2: Type, tyVars: string[]): boolean {
  const map: Record<string, string> = {};
  for (const tyVar of tyVars) map[tyVar] = tyVar;
  return typeEqSub(ty1, ty2, map);
}
```

"call" のケースの中の typeEq の呼び出しにも同様に tyVars を渡すようにします。これで、typeEq 関数の呼び出しができるようになりました。

9.7.2　型抽象と型適用の構文に対する処理を追加する

型抽象 "typeAbs" の構文に対応する処理は、基本的に t.body を再帰的に typecheck して TypeAbs 型を返すだけです。

ただし、先ほど追加した tyVars を更新することを忘れないでください。型抽象の中の文脈では、その型抽象が導入した型変数が参照可能になります。そこで、t.typeParams に含まれる型変数を tyVars に追加したうえで、型抽象の本体を typecheck します。

コード 9.56： 型抽象の構文に対する処理

```
export function typecheck(t: Term, tyEnv: TypeEnv, tyVars: string[]): Type {
  switch (t.tag) {
    …（省略）…
    case "typeAbs": {
      const tyVars2 = [...tyVars];
      for (const tyVar of t.typeParams) tyVars2.push(tyVar);
      const bodyTy = typecheck(t.body, tyEnv, tyVars2);
      return { tag: "TypeAbs", typeParams: t.typeParams, type: bodyTy };
    }
```

型適用"typeApp"の構文に対応する処理は、"call"に対応する処理に似た実装になります。

まず、型適用の対象となる項t.typeAbsを型検査し、TypeAbs型であるかどうかを確かめます。TypeAbs型であれば、その中に型変数typeParamsが現れるので、その個数と実引数の型t.typeArgsの個数とを比較し、両者が一致することも確かめます。

肝心なのは型代入です。型適用の対象である型の中に現れる型変数typeParamsを、実引数t.typeArgsの型に、subst関数を使って置き換えていきます。

コード 9.57： 型適用の構文に対する処理

```
export function typecheck(t: Term, tyEnv: TypeEnv, tyVars: string[]): Type {
  switch (t.tag) {
    …（省略）…
    case "typeApp": {
      const bodyTy = typecheck(t.typeAbs, tyEnv, tyVars);
      if (bodyTy.tag !== "TypeAbs") {
        error("type abstraction expected", t.typeAbs);
      }
      if (bodyTy.typeParams.length !== t.typeArgs.length) {
        error("wrong number of type arguments", t);
      }
      let newTy = bodyTy.type;
      for (let i = 0; i < bodyTy.typeParams.length; i++) {
        newTy = subst(newTy, bodyTy.typeParams[i], t.typeArgs[i]);
      }
      return newTy;
    }
```

9.8 型検査器のテスト

ここまで書いてきたsubst関数、typeEqSub関数とtypeEq関数、typecheck関数を組み合わせて、型検査器として動かしてみましょう。例として、「<T>(x: T) => x」という型抽象の構文に対する型を出力させてみます。

コード 9.58: 型抽象に対する型検査の例

```
… (poly_bug.ts の実装) …

console.log(typeShow(typecheck(parsePoly(`
  const f = <T>(x: T) => x;
  f;
`), {}, [])));
```

無事に正しい型<T>(x: T) => Tが出力されるはずです。

次に、型適用の構文のテストもしてみましょう。

コード 9.59: 型適用に対する型検査の例

```
… (poly_bug.ts の実装) …

console.log(typeShow(typecheck(parsePoly(`
  const f = <T>(x: T) => x;
  f<number>;
`), {}, [])));
```

こちらも期待通り、(x: number) => numberと出力され、型(x: T) => Tの型変数Tをnumberに置き換えた型と判定されるはずです。

本章の冒頭で登場したselect関数も型検査してみましょう。まずはnumberで型適用してみます。

コード 9.60: select 関数を number で型適用した場合

```
… (poly_bug.ts の実装) …

console.log(typeShow(typecheck(parsePoly(`
  const select = <T>(cond: boolean, a: T, b: T) => (cond ? a : b);
  const selectNumber = select<number>;
  selectNumber;
`), {}, [])));
```

結果には(cond: boolean, a: number, b: number) => numberと出力されるはずです。

続いて、同じ型抽象をbooleanで型適用したものも型検査してみます。

コード 9.61: select 関数を boolean で型適用した場合

```
… (poly_bug.ts の実装) …

console.log(typeShow(typecheck(parsePoly(`
  const select = <T>(cond: boolean, a: T, b: T) => (cond ? a : b);
  const selectBoolean = select<boolean>;
  selectBoolean;
`), {}, [])));
```

こちらも(cond: boolean, a: boolean, b: boolean) => booleanと出力されるはずです。

9.9 型代入の実装を修正する

前節でselect関数が型検査でき、ジェネリクスがだいたい動くことが確認できました。

しかし、ここで「9.2.5 型適用の詳細な振る舞い」で見た型適用の2つのコーナーケースを思い出してください。1つはshadowingが正しく扱われない問題、もう1つは変数捕獲による問題を引き起こすコーナーケースです。型代入のためのsubst関数の現在の実装では、これらのコーナーケースを一切考慮していません。

以下では、これら2つのコーナーケースが実際に起きてしまうことを確認し、そのうえで実装をどのように修正したらよいかを考えます。

9.9.1 shadowingが正しく扱われない問題の確認と対処

まずはshadowingの問題があったコード9.26のプログラムを考えてみましょう。

コード9.62：shadowingに対する型検査の例（コード9.26の再掲）

```
const foo = <T>(arg1: T, arg2: <T>(x: T) => boolean) => true;

foo<number>;
```

このプログラムに対する型検査で期待される結果は(arg1: number, arg2: <T>(x: T) => boolean) => booleanです。本当にこの型になるかどうか、現在の実装（つまりpoly_bug.ts）で次のようにして型検査を実行してみてください。

コード9.63：コード9.62に対する型検査

```
…（poly_bug.tsの実装）…

console.log(typeShow(typecheck(parsePoly(`
  const foo = <T>(arg1: T, arg2: <T>(x: T) => boolean) => true;
  foo<number>;
`), {}, [])));
```

現在の実装では、上記によって(arg1: number, arg2: <T>(x: number) => boolean) => booleanという誤った結果が得られてしまうはずです。このような結果になるのは、subst関数の"TypeAbs"の処理で、型抽象の中まで無条件に再帰しているからです。

これは比較的簡単に修正できます。substの"TypeAbs"の処理の中で、型抽象に同名の型変数が含まれている場合、代入の処理をやめてその型抽象をそのまま返すようにするだけです。

コード 9.64： subst 関数の修正（同名の型変数が含まれていたら代入処理をやめる）

```
function subst(ty: Type, tyVarName: string, repTy: Type): Type {
  switch (ty.tag) {
    …（省略）…
    case "TypeAbs": {
      // ty.typeParams が置き換え対象の tyVarName を含むなら、ty をそのまま返す
      if (ty.typeParams.includes(tyVarName)) return ty;

      const newType = subst(ty.type, tyVarName, repTy);
      return { tag: "TypeAbs", typeParams: ty.typeParams, type: newType };
    }
    …（省略）…
  }
}
```

これで先ほどの型検査の結果が無事に期待通りになります。

9.9.2 変数捕獲による問題の確認と対処

「9.2.5 型適用の詳細な振る舞い」では次のようなプログラムで型代入における変数捕獲の問題を確認しました。

コード 9.65： 変数捕獲に対する型検査の例（コード 9.28 の再掲）

```
const foo = <T>(arg1: T, arg2: <U>(x: T, y: U) => boolean) => true;

const bar = <U>() => foo<U>;
```

このプログラムに対する型検査では、`<U>() => (arg1: U, arg2: <U_2>(x: U, y: U_2) => boolean) => boolean` という結果が期待されます。下記のようなコードで現在の実装による結果を確認してみてください。

コード 9.66： コード 9.65 に対する型検査

```
…（poly_bug.ts の実装）…

console.log(typeShow(typecheck(parsePoly(`
  const foo = <T>(arg1: T, arg2: <U>(x: T, y: U) => boolean) => true;
  const bar = <U>() => foo<U>;
  bar;
`), {}, [])));
```

コード 9.66 の実行結果は `<U>() => (arg1: U, arg2: <U>(x: U, y: U) => boolean) => boolean` となったはずです。これは、「`arg2: <U>(x: T, y: U) => boolean`」の中の `T` をそのまま `U` に置き換えてしまっているので、それにより変数捕獲の問題が起きていることによります。

これはどのように直せばよいでしょうか。変数捕獲の問題が起きる原因は、型変数の名前が衝突することでした。一方で、型抽象の型変数は、一貫して別の名前に置き換えても意味が変わりません。そこから考えると、型変数の名前をあらかじめ絶対に

衝突しない名前に変えておけばよさそうです。

そこで、型抽象の型変数の名前を一貫してまったく新しい名前に置き換える補助関数freshTypeAbsを次のように定義します。

コード 9.67： freshTypeAbs関数の定義

```
let freshTyVarId = 1;

function freshTypeAbs(typeParams: string[], ty: Type) {
  let newType = ty;
  const newTypeParams = [];
  for (const tyVar of typeParams) {
    const newTyVar = `${tyVar}@${freshTyVarId++}`;
    newType = subst(newType, tyVar, { tag: "TypeVar", name: newTyVar });
    newTypeParams.push(newTyVar);
  }
  return { newTypeParams, newType };
}
```

freshTypeAbs関数は、型抽象が導入する型変数の一覧typeParamsと、中身の型tyを受け取ります。そして、typeParamsに含まれている型変数それぞれに対して、`${ tyVar }@${ freshTyVarId++ }`という形式の新しい名前を作っていきます。この名前には、プログラマーが型変数の名前で使うことが許されていない記号(@)と、毎回インクリメントされるfreshTyVarIdという数値が含まれています。したがって、この名前が既存の型変数の名前と衝突することはあり得ず、必ず新しい名前になります。このように、既存の変数と衝突しない新しい変数を「フレッシュな変数」と呼びます。

このフレッシュな型変数によって、元の型変数を置き換えます（この置き換えにはsubstが使えます）。このようにして作られたフレッシュな型変数の一覧と、置き換えをした型抽象の中身を返すというのが、freshTypeAbs関数でやっていることです。

subst関数の"TypeAbs"に対する正しい実装は、このfreshTypeAbsという補助関数を使うことで、次のように書けます。

コード 9.68： subst関数の修正（フレッシュな型変数を使う）

```
function subst(ty: Type, tyVarName: string, repTy: Type): Type {
  switch (ty.tag) {
    …（省略）…
    case "TypeAbs": {
      if (ty.typeParams.includes(tyVarName)) return ty;
      const { newTypeParams, newType } = freshTypeAbs(ty.typeParams, ty.type);
      const newType2 = subst(newType, tyVarName, repTy);
      return { tag: "TypeAbs", typeParams: newTypeParams, type: newType2 };
    }
    …（省略）…
  }
}
```

まずfreshTypeAbsによって、型抽象の型変数を、フレッシュな型変数に置き換えます。そのうえで、subst関数がもともと置き換えようとしてた型変数tyVarNameをrepTyに置き換えます。その結果を新しい型抽象の型として返します。

型代入の実装を修正した型検査器で、変数捕獲のプログラムを改めて型検査してみましょう（コード9.66）。今度は<U>() => (arg1: U, arg2: <U@1>(x: U, y: U@1) => boolean) => booleanという結果が得られるはずです。U@1というフレッシュな型変数が生成されることで、Uという名前が衝突しなくなったことがわかります。期待されるのは<U>() => (arg1: U, arg2: <U_2>(x: U, y: U_2) => boolean) => booleanだったので、型変数の名前が違うだけで正しい結果になっていることがわかるでしょう。

9.10 まとめ

本章では型検査器にジェネリクスを実装しました。完成した型検査器のコード全体（poly.ts）をコード9.69に掲載します。

コード 9.69：ジェネリクスに対応した型検査器の実装

```
import { error } from "npm:tiny-ts-parser";

type Type =
  | { tag: "Boolean" }
  | { tag: "Number" }
  | { tag: "Func"; params: Param[]; retType: Type }
  | { tag: "TypeAbs"; typeParams: string[]; type: Type }
  | { tag: "TypeVar"; name: string };

type Param = { name: string; type: Type };

type Term =
  | { tag: "true" }
  | { tag: "false" }
  | { tag: "if"; cond: Term; thn: Term; els: Term }
  | { tag: "number"; n: number }
  | { tag: "add"; left: Term; right: Term }
  | { tag: "var"; name: string }
  | { tag: "func"; params: Param[]; body: Term }
  | { tag: "call"; func: Term; args: Term[] }
  | { tag: "seq"; body: Term; rest: Term }
  | { tag: "const"; name: string; init: Term; rest: Term }
  | { tag: "typeAbs"; typeParams: string[]; body: Term }
  | { tag: "typeApp"; typeAbs: Term; typeArgs: Type[] };

type TypeEnv = Record<string, Type>;

let freshTyVarId = 1;

```

```
30 function freshTypeAbs(typeParams: string[], ty: Type) {
31   let newType = ty;
32   const newTypeParams = [];
33   for (const tyVar of typeParams) {
34     const newTyVar = `${tyVar}@${freshTyVarId++}`;
35     newType = subst(newType, tyVar, { tag: "TypeVar", name: newTyVar });
36     newTypeParams.push(newTyVar);
37   }
38   return { newTypeParams, newType };
39 }
40 
41 function subst(ty: Type, tyVarName: string, repTy: Type): Type {
42   switch (ty.tag) {
43     case "Boolean":
44     case "Number":
45       return ty;
46     case "Func": {
47       const params = ty.params.map(
48         ({ name, type }) => ({ name, type: subst(type, tyVarName, repTy) }),
49       );
50       const retType = subst(ty.retType, tyVarName, repTy);
51       return { tag: "Func", params, retType };
52     }
53     case "TypeAbs": {
54       if (ty.typeParams.includes(tyVarName)) return ty;
55       const { newTypeParams, newType } = freshTypeAbs(ty.typeParams, ty.type);
56       const newType2 = subst(newType, tyVarName, repTy);
57       return { tag: "TypeAbs", typeParams: newTypeParams, type: newType2 };
58     }
59     case "TypeVar": {
60       return ty.name === tyVarName ? repTy : ty;
61     }
62   }
63 }
64 
65 function typeEqSub(ty1: Type, ty2: Type, map: Record<string, string>): boolean {
66   switch (ty2.tag) {
67     case "Boolean":
68       return ty1.tag === "Boolean";
69     case "Number":
70       return ty1.tag === "Number";
71     case "Func": {
72       if (ty1.tag !== "Func") return false;
73       if (ty1.params.length !== ty2.params.length) return false;
74       for (let i = 0; i < ty1.params.length; i++) {
75         if (!typeEqSub(ty1.params[i].type, ty2.params[i].type, map)) {
76           return false;
77         }
78       }
79       if (!typeEqSub(ty1.retType, ty2.retType, map)) return false;
80       return true;
81     }
82     case "TypeAbs": {
83       if (ty1.tag !== "TypeAbs") return false;
84       if (ty1.typeParams.length !== ty2.typeParams.length) return false;
85       const newMap = { ...map };
86       for (let i = 0; i < ty1.typeParams.length; i++) {
```

```
87          newMap[ty1.typeParams[i]] = ty2.typeParams[i];
88        }
89        return typeEqSub(ty1.type, ty2.type, newMap);
90      }
91      case "TypeVar": {
92        if (ty1.tag !== "TypeVar") return false;
93        if (map[ty1.name] === undefined) {
94          throw new Error(`unknown type variable: ${ty1.name}`);
95        }
96        return map[ty1.name] === ty2.name;
97      }
98    }
99  }
100
101 function typeEq(ty1: Type, ty2: Type, tyVars: string[]): boolean {
102   const map: Record<string, string> = {};
103   for (const tyVar of tyVars) map[tyVar] = tyVar;
104   return typeEqSub(ty1, ty2, map);
105 }
106
107 export function typecheck(t: Term, tyEnv: TypeEnv, tyVars: string[]): Type {
108   switch (t.tag) {
109     case "true":
110       return { tag: "Boolean" };
111     case "false":
112       return { tag: "Boolean" };
113     case "if": {
114       const condTy = typecheck(t.cond, tyEnv, tyVars);
115       if (condTy.tag !== "Boolean") error("boolean expected", t.cond);
116       const thnTy = typecheck(t.thn, tyEnv, tyVars);
117       const elsTy = typecheck(t.els, tyEnv, tyVars);
118       if (!typeEq(thnTy, elsTy, tyVars)) {
119         error("then and else have different types", t);
120       }
121       return thnTy;
122     }
123     case "number":
124       return { tag: "Number" };
125     case "add": {
126       const leftTy = typecheck(t.left, tyEnv, tyVars);
127       if (leftTy.tag !== "Number") error("number expected", t.left);
128       const rightTy = typecheck(t.right, tyEnv, tyVars);
129       if (rightTy.tag !== "Number") error("number expected", t.right);
130       return { tag: "Number" };
131     }
132     case "var": {
133       if (tyEnv[t.name] === undefined) error(`unknown variable: ${t.name}`, t);
134       return tyEnv[t.name];
135     }
136     case "func": {
137       const newTyEnv = { ...tyEnv };
138       for (const { name, type } of t.params) {
139         newTyEnv[name] = type;
140       }
141       const retType = typecheck(t.body, newTyEnv, tyVars);
142       return { tag: "Func", params: t.params, retType };
143     }
```

```
144      case "call": {
145        const funcTy = typecheck(t.func, tyEnv, tyVars);
146        if (funcTy.tag !== "Func") error("function type expected", t.func);
147        if (funcTy.params.length !== t.args.length) {
148          error("wrong number of arguments", t);
149        }
150        for (let i = 0; i < t.args.length; i++) {
151          const argTy = typecheck(t.args[i], tyEnv, tyVars);
152          if (!typeEq(argTy, funcTy.params[i].type, tyVars)) {
153            error("parameter type mismatch", t.args[i]);
154          }
155        }
156        return funcTy.retType;
157      }
158      case "seq":
159        typecheck(t.body, tyEnv, tyVars);
160        return typecheck(t.rest, tyEnv, tyVars);
161      case "const": {
162        const ty = typecheck(t.init, tyEnv, tyVars);
163        const newTyEnv = { ...tyEnv, [t.name]: ty };
164        return typecheck(t.rest, newTyEnv, tyVars);
165      }
166      case "typeAbs": {
167        const tyVars2 = [...tyVars];
168        for (const tyVar of t.typeParams) tyVars2.push(tyVar);
169        const bodyTy = typecheck(t.body, tyEnv, tyVars2);
170        return { tag: "TypeAbs", typeParams: t.typeParams, type: bodyTy };
171      }
172      case "typeApp": {
173        const bodyTy = typecheck(t.typeAbs, tyEnv, tyVars);
174        if (bodyTy.tag !== "TypeAbs") {
175          error("type abstraction expected", t.typeAbs);
176        }
177        if (bodyTy.typeParams.length !== t.typeArgs.length) {
178          error("wrong number of type arguments", t);
179        }
180        let newTy = bodyTy.type;
181        for (let i = 0; i < bodyTy.typeParams.length; i++) {
182          newTy = subst(newTy, bodyTy.typeParams[i], t.typeArgs[i]);
183        }
184        return newTy;
185      }
186    }
187  }
```

ジェネリクスの実装はややこしいので、説明に苦労しました。説明を読むだけでは納得しきれない点もあると思うので、ぜひ手を動かしていろいろな例を試しながら読み解いてみてください。

なお、実はジェネリクス対応ではtiny-ts-parser側で先に処理をしてしまっている場合があります。「<X>(x: Y) => number」のように、未定義の型変数を参照してしまっている場合です。再帰型でtype宣言を処理する際に、併せてunbound type variableの検査をしています。

対応文法を増やすなど、さらなる実験を行いたい人は、tiny-ts-parserも改造する必要があるでしょう。

NOTE

本章の内容は、TAPLでは第23章「全称型」に対応します。
本章の型変数は「どんな型にでも置き換えられる」という単純なものとして説明しましたが、TAPLでは第26章「有界量化」で全称型と部分型を組み合わせることで、「指定した型の部分型ならどんな型にでも置き換えられる」という制約付きの型変数を導入しています。これはTypeScriptではextendsとして実装されている機能です。

```
const f = <X extends { a: number }>(x: X) => x;
```

演習問題

本来のTypeScriptでは、型適用を省略してselect(true, 1, 2)と書くだけで、select<number>(true, 1, 2)と同じ意味として扱う仕組みがあります。これを実現する方法を考えてみてください。

これは簡単に見えるかもしれませんが、かなり難しい問題です。TAPLに載っていない内容ですし、筆者は正確な答えを知りません。よって、この演習問題には解答も付けていません。

TypeScriptのドキュメント[†5]でも、「型適用の推論でどんな型が『最良』かは常に明らかではない。妥当な呼び出しにNGと言ったり、怪しい呼び出しにOKと言ってしまったりする」と書かれています。

演習問題としては、自明なケースに限定して推論するようにするのがよいかもしれません。

[†5] https://www.typescriptlang.org/docs/handbook/release-notes/typescript-5-4.html#the-noinfer-utility-type

おわりに

本書では、TypeScriptのサブセットであるようなプログラミング言語を対象に据えて、その言語に対する型検査器をTypeScriptで実装してきました。**型検査器**を実際に実装してみることで、**型システム**がどのようなものかを「体感」してもらえたのではないかと思います。

本書を終えるにあたり、「型システム」と「型検査器」について、型検査器の実装から説明するという本書のアプローチでは曖昧にせざるを得なかった点を補足しておきます。

型システムとは、狭義では、プログラムに対してどのように型付けをするかを決めた規則（＝型付け規則）の集合です。広義では、その規則の集合について証明される定理や性質を含むこともあります。代表的な性質としては、ここまで本書で繰り返し出てきた「型安全性」や「正規化可能性」（52ページのコラム参照）などがあります。

型検査器は、入力されたプログラムが型付け規則の組み合わせで説明できること（＝型付けできること）を検査するプログラムです。通常、プログラムの構文木を再帰的に辿って、それぞれの構文に型を付けていきます（まさに本書で書いてきたように）。

TAPLに掲載されている型付け規則の具体例を少しだけ紹介しましょう。TAPLの第9章の図9-1には、変数読み出しの型付け規則として次のようなものが提示されています。

$$\frac{\mathtt{x} : \mathtt{T} \in \Gamma}{\Gamma \vdash \mathtt{x} : \mathtt{T}} \quad \text{(T-Var)}$$

これは次のように読みます。

- 上側：「型環境（Γ）に変数xの型が入っていてそれがTならば」
- 下側：「この型環境（Γ）の下で変数xの型はTである」

ここで、この型付け規則を`typecheck`関数の「`case "var"`」に対するコードと見比べてみてください。「型環境`tyEnv`に変数`t.name`の型が入っていなければ例外にし、入っていたらその型を返す」という処理になっています。型付け規則とほとんど同じことを言っているのが読み取れるでしょうか。

要するに、「型システムが持つ型付け規則を機械的に判定できるようプログラムにしたもの」が型検査器だと言えます。

ただし、すべての型付け規則が変数読み出しの例ほど自明にプログラムにできるわけではありません。型付け規則は「証明のしやすさ」を念頭に置いて作られるので、1つの構文に対して複数の型付け規則が適用できることもあり得ます。このようなとき型検査器の実装では「どういう状況ではどの型付け規則を選ぶべきか」という問題を考える必要があります。たとえばTAPLの第16章では、部分型付けを持つ型システムについてこの問題が論じられています[†6]。

本書の次にやること

というわけで、本書を読み終えて次にやってほしいことはTAPL（もしくは翻訳である『型システム入門』）を読むことです。数学的な議論が難しいのは変わりませんが、本書を通しておおよそのアイデアを理解した今、だいぶ読みやすくなっているのではないかと思います。

TypeScriptの型システムに興味がある人は、その関連論文を読んでみるのもよいでしょう。特に漸進的型付けの論文[ST06, SV07]は、TAPLを半分くらい読み終えた程度でも読めるように丁寧に書かれているのでおすすめです。

実装が好きな人は、いろいろ言語機能を足してみると面白いと思います。たとえば、`null`値、`let`文と変数への代入、比較式、配列型の対応などですね。いずれも`tiny-ts-parser`を自力で拡張する必要があります。

実装の目標が欲しい人は、「自分自身を型検査できる型検査器」を目指すとよいかもしれません。筆者は本書を書く前に、まずこれを作ってみました。再帰型の拡張をスタート地点として、タグ付きunion型（第5章の演習問題を参照）、配列型、`for`文、変数代入などを加えていけばできます。解説するには細かすぎるハックがいくつか必要だったので本書の題材にはしませんでしたが、できたときの達成感は少なくないので、腕に覚えがある方はぜひ挑戦してみてください。

---

†6 TAPLでは、1つの構文に対して適用できる型付け規則が1つになるように工夫した「アルゴリズム的」な部分型付けを定義し、それが本来の部分型付けの型システムと等価であることを証明しています。

謝辞

本書を著すにあたり、今井敬吾さん、今井健男さん、栗原勇樹さん、黒木裕介さん、才川隆文さん、酒井政裕さん、笹田耕一さん、佐藤可奈留（canalun）さん、鈴木僚太さん、松本宗太郎さん、水島宏太さん（あいうえお順）には原稿に目を通していただき、たくさんのアドバイスや内容に対する有益な指摘をいただきました。ありがとうございました。

遠藤侑介

2025年4月

演習問題の解答

第2章の演習問題（22ページ）の解答

「(1 + true) ? true : false」のようなプログラムがOKとなってしまいます。その部分の返り値を使わないとしても、typecheck自体は行う必要があります。

第3章の演習問題（39ページ）の解答

この誤った実装では、変数が見えてはいけない文脈で見えるようになってしまいます。具体例は「((x: number) => 1)(x)」です。これはxをスコープ外で参照しようとしているので型エラーになるべきです。しかし、tyEnvをコピーしない実装だとパスしてしまうでしょう。変数xの宣言が関数の外側まで残り続けてしまい、おかしなことになります。

型検査器の実装においては、うっかりを防ぐため、tyEnv[name] = typeのように破壊的更新をすること自体避けたほうが無難です。ちょっと実行効率は悪いですが、次のようにするとミスが防げます。

コードA.1：破壊的更新を避ける

```
1   function typecheck(t: Term, tyEnv: TypeEnv): Type {
2     switch (t.tag) {
3       …（省略）…
4       case "func": {
5         let newTyEnv = tyEnv;
6         for (const { name, type } of t.params) {
7           newTyEnv = { ...newTyEnv, [name]: type };
8         };
9       …（省略）…
10    }
11  }
```

letも避けたいということであれば、配列のreduceメソッドを使うのもよいでしょう。

コードA.2：letを避ける

```
function typecheck(t: Term, tyEnv: TypeEnv): Type {
  switch (t.tag) {
    …（省略）…
    case "func": {
      const newTyEnv = t.params.reduce(
        (tyEnv, { name, type }) => ({ ...tyEnv, [name]: type }),
        tyEnv
      );
      const retType = typecheck(t.body, newTyEnv);
      return { tag: "Func", params: t.params, retType }
    }
    …（省略）…
  }
}
```

第4章の演習問題（55ページ）の解答

たとえば次のようにtypecheckを実装できるでしょう。

コードA.3：逐次実行の別定義に対する型検査器の実装例

```
function typecheck(t: Term, tyEnv: TypeEnv): Type {
  switch (t.tag) {
    …（省略）…
    case "seq2": {
      let lastTy: Type | null = null;
      for (const term of t.body) {
        if (term.tag === "const2") {
          const ty = typecheck(term.init, tyEnv);
          tyEnv = { ...tyEnv, [term.name]: ty };
        } else {
          lastTy = typecheck(term, tyEnv);
        }
      }
      return lastTy!;
    }
    case "const2":
      throw "unreachable";
  }
}
```

"const2"の処理が"seq2"の中に入り込んでしまっていることに注目してください（basic.tsの"const"と"seq"はそのようにはなっていません）。変数定義"const2"は、定義された変数で型環境を拡張しますが、拡張された型環境を参照するのは"const2"の処理の中ではなく、その外側の"seq2"です。そのため、"seq2"では子ノードが"const2"の場合に特別扱いし、型環境を拡張する必要が生じるのです。

これまでtypecheck関数の各分岐を実装するときは、そのノードの構造だけを気にしていれば十分でした。しかし、この問題の構文木では、"seq2"ノードの子ノードが"const2"であるかどうかを意識する必要があります。これはあまりエレガントな実装でありませんね。

また、この実装ではcase "const2":に到達することがないので、上記の解答例ではthrow "unreachable"というアサーション文を入れてあります。これは型定義を工夫することで消せますが、やはり無駄な複雑さと言えるでしょう。

第5章の演習問題（65ページ）の解答

タグ付きunion型のよくある判定基準は次の通りです。

- タグ付きunion型を作る構文（"taggedUnionNew"）に関する判定基準
  - 明示された型がタグ付きunion型であること。「{ tag: "num", numVal: 42 } satisfies number」はエラー
  - tagで示されたラベルが存在すること。「{ tag: "string", numVal: "" } satisfies NumOrBool」はエラー
  - tag以外のキーに対応する項がタグ付きunion型の持つ型と一致すること。「{ tag: "num", boolVal: true } satisfies NumOrBool」はエラー
- タグ付きunion型を分解する構文（"taggedUnionGet"）に関する判定基準
  - 「switch (変数名.tag)」の「変数名」がタグ付きunion型を持つこと
  - 分岐が過不足なく揃っていること。処理されていないラベルや、不要な分岐があったらエラー
  - 分岐先の項がすべて同じ型であること

typecheck関数の実装例を示します。

コードA.4：タグ付きunion型に対する型検査

```
1  function typecheck(t: Term, tyEnv: TypeEnv): Type {
2    switch (t.tag) {
3      …（省略）…
4      case "taggedUnionNew": {
5        const asTy = t.as;
6        if (asTy.tag !== "TaggedUnion") {
7          error(`"as" must have a tagged union type`, t);
8        }
9        const variant = asTy.variants.find(
10         (variant) => variant.tagLabel === t.tagLabel,
11       );
12       if (!variant) error(`unknown variant tag: ${t.tagLabel}`, t);
13       for (const prop1 of t.props) {
14         const prop2 = variant.props.find((prop2) => prop1.name === prop2.name);
15         if (!prop2) error(`unknown property: ${prop1.name}`, t);
```

```
16        const actualTy = typecheck(prop1.term, tyEnv);
17        if (!typeEq(actualTy, prop2.type)) {
18          error("tagged union's term has a wrong type", prop1.term);
19        }
20      }
21      return t.as;
22    }
23    case "taggedUnionGet": {
24      const variantTy = tyEnv[t.varName];
25      if (variantTy.tag !== "TaggedUnion") {
26        error(`variable ${t.varName} must have a tagged union type`, t);
27      }
28      let retTy: Type | null = null;
29      for (const clause of t.clauses) {
30        const variant = variantTy.variants.find(
31          (variant) => variant.tagLabel === clause.tagLabel,
32        );
33        if (!variant) {
34          error(`tagged union type has no case: ${clause.tagLabel}`, clause.term);
35        }
36        const localTy: Type = { tag: "Object", props: variant.props };
37        const newTyEnv = { ...tyEnv, [t.varName]: localTy };
38        const clauseTy = typecheck(clause.term, newTyEnv);
39        if (retTy) {
40          if (!typeEq(retTy, clauseTy)) {
41            error("clauses has different types", clause.term);
42          }
43        } else {
44          retTy = clauseTy;
45        }
46      }
47      if (variantTy.variants.length !== t.clauses.length) {
48        error("switch case is not exhaustive", t);
49      }
50      return retTy!;
51    }
52  }
53 }
```

余談ですが、本章でオブジェクト型をサポートする際には、オブジェクト型の値を作る構文（"objectNew"）とプロパティを読み出す構文（"objectGet"）を追加しました。タグ付きunion型でも、タグ付きunion型を作る構文（"taggedUnionNew"）と分解する構文（"taggedUnionGet"）を追加しました。

型システムの文脈では、その型を作る構文を「導入形式」、使う（壊す）構文を「除去形式」と呼ぶことがあります。実は、ほとんどの型には導入形式と除去形式があります。

- 関数型では、無名関数の構文が導入形式、関数呼び出しの構文が除去形式
- boolean型では、trueやfalseリテラルが導入形式、if文が除去形式
- number型は、数値リテラルが導入形式（実はbasic.tsにはnumberの完全な除

去形式がないが、たとえば比較演算>などがあれば、それが除去形式となる)

「導入」と「除去」という言葉は、型理論の背景である論理学の用語からきています。興味のある人はTAPLの9.4節「Curry-Howard対応」を読んでみてください。

第6章の演習問題(78ページ)の解答

"func"では、明示された型と一致していることを確認するようにするだけです。

コードA.5：返り値の型に対する型検査

```
function typecheck(t: Term, tyEnv: TypeEnv): Type {
  switch (t.tag) {
    …(省略)…
    case "func": {
      const newTyEnv = { ...tyEnv };
      for (const { name, type } of t.params) {
        newTyEnv[name] = type;
      }
      const retType = typecheck(t.body, newTyEnv);
      if (t.retType) {
        if (!typeEq(retType, t.retType)) error("wrong return type", t.body);
      }
      return { tag: "Func", params: t.params, retType };
    }
    …(省略)…
  }
}
```

const文で再帰関数を定義できるようにするには、変数定義"const"のinitプロパティにある項が無名関数"func"であるときだけ特別扱いする必要があります。

コードA.6：constによる再帰関数の定義に対応した型検査

```
function typecheck(t: Term, tyEnv: TypeEnv): Type {
  switch (t.tag) {
    …(省略)…
    case "const": {
      if (t.init.tag === "func") {
        if (!t.init.retType) error("return type must be specified", t.init);
        const funcTy: Type = {
          tag: "Func",
          params: t.init.params,
          retType: t.init.retType,
        };
        const newTyEnv = { ...tyEnv };
        for (const { name, type } of t.init.params) {
          newTyEnv[name] = type;
        }
        const newTyEnv2 = { ...newTyEnv, [t.name]: funcTy };
        if (!typeEq(t.init.retType, typecheck(t.init.body, newTyEnv2))) {
```

```
          error("wrong return type", t.init.body);
        }
        const newTyEnv3 = { ...tyEnv, [t.name]: funcTy };
        return typecheck(t.rest, newTyEnv3);
      } else {
        const ty = typecheck(t.init, tyEnv);
        const newTyEnv = { ...tyEnv, [t.name]: ty };
        return typecheck(t.rest, newTyEnv);
      }
    }
    …（省略）…
  }
}
```

子ノードの内容によって処理を変えるのは、あまりエレガントとは言えません。このような実装を避けたかったのも、再帰関数の定義構文を分けた理由です。

おまけの演習問題

本書では自分自身を直接呼び出す再帰関数の定義しか扱いませんでした。他の関数を経由して自分自身を呼び出す「相互再帰関数」を扱えるようにしてみてください。

コードA.7：相互再帰関数の例

```
function f(): number { return g(); }
function g(): number { return f(); }
```

tiny-ts-parserに手を入れずに実験するには、"recFunc"のrestが"recFunc"である場合を相互再帰関数の定義として特別扱いするとよいでしょう。

第7章の演習問題（91ページ）の解答

コードA.8：オブジェクト型のプロパティの値が共変になることを確認する例

```
const f = (x: { foo: { bar: number } }) => x.foo.bar;

f({ foo: { bar: 1, baz: true }}); // bazという余計なプロパティがあっても問題ない
```

コードA.9：オブジェクト型のプロパティの値が共変にならないことを確認する例

```
const f = (x: { foo: { bar: number; baz: boolean } }) => x.foo.baz;

f({ foo: { bar: 1 }}); // 足りないプロパティがあると未定義なものを読み取ってしまう
```

第8章の演習問題（116ページ）の解答

再帰型とタグ付きunion型を使ったnumber型のリストのサンプルコードを示します。

コードA.10：再帰型とタグ付きunion型を使ったリスト

```
type NumList =
  | { tag: "cons", val: { num: number; tail: NumList } }
  | { tag: "nil", val: boolean }
;
const nil = { tag: "nil", val: false } as NumList;
const cons = (num: number, tail: NumList) => {
  return { tag: "cons", val: { num: num, tail: tail } } as NumList;
};
const isnil = (l: NumList) => {
  switch (l.tag) {
    case "cons":
      return false;
    case "nil":
      return true;
  }
};
isnil(nil); // true
isnil(cons(1, nil)); // false
```

typecheckの実装例は紙面の都合により省略します。基本的に、第5章の演習問題であるタグ付きunion型の実装と、第8章のrec.tsの実装を組み合わせるだけです（ただし、適宜simplifyTypeの呼び出しを挿入する必要はあります）。正しく実装できていれば、このサンプルコードの型検査が通るはずです。リストの先頭の値を取り出す関数や、リストの値の合計を出す関数なども実装し、型検査が通ることを確認してみてください。

参考文献

[Pie02] B. C. Pierce, "*Types and Programming Languages*", MIT Press, Feb. 2002.

[Pie13] B. C. Pierce, （監訳）住井英二郎, （訳）遠藤侑介, 酒井政裕, 今井敬吾, 黒木裕介, 今井宜洋, 才川隆文, 今井健男, 『型システム入門 プログラミング言語と型の理論』, オーム社, Mar. 2013.

[ST06] J. G. Siek and W. Taha, "Gradual typing for functional languages," in *Scheme and Functional Programming Workshop*, 2006, `http://scheme2006.cs.uchicago.edu/13-siek.pdf`

[SV07] J. Siek, M. Vitousek, M. Might, and J. Boyland, "Gradual typing for objects," *Lecture Notes in Computer Science*, vol. 4821, 2007, `https://www.researchgate.net/publication/225612648_Gradual_Typing_for_Objects`

索引

記号・ギリシア文字

A

B

C

D

E

F

H

I

J

L

M

N

O

P

R

S

T

著者について

● 遠藤 侑介（えんどう ゆうすけ）

Rubyの開発者（コミッタ）の一人で、Rubyのための型解析器TypeProfを開発している。STORES株式会社。著書に『あなたの知らない超絶技巧プログラミングの世界』（技術評論社）、『RubyでつくるRuby ゼロから学びなおすプログラミング言語入門』（ラムダノート）。訳書に『型システム入門 プログラミング言語と型の理論』（オーム社）。

技術書出版社の立ち上げに際して

コンピュータとネットワーク技術の普及は情報の流通を変え、出版社の役割にも再定義が求められています。誰もが技術情報を執筆して公開できる時代、自らが技術の当事者として技術書出版を問い直したいとの思いから、株式会社時雨堂をはじめとする数多くの技術者の方々の支援をうけてラムダノート株式会社を立ち上げました。当社の一冊一冊が、技術者の糧となれば幸いです。

鹿野桂一郎

型システムのしくみ

TypeScriptで実装しながら学ぶ型とプログラミング言語

Printed in Japan ／ ISBN 978-4-908686-20-7

2025年 4 月15日　第1版第1刷 発行

著　者　遠藤侑介
発行者　鹿野桂一郎
編　集　高尾智絵
制　作　鹿野桂一郎
装　丁　轟木亜紀子（トップスタジオ）
印　刷　平河工業社
製　本　平河工業社

発　行　ラムダノート株式会社
lambdanote.com
東京都荒川区西日暮里2-22-1
連絡先 info@lambdanote.com